世界遺産・聖地巡り

琉球・奄美・熊野・サンティアゴ

沖縄大学地域研究所 編

沖縄大学地域研究所叢書

芙蓉書房出版

斎場御嶽から久高島を望む

玉　陵

中城城跡

識名園

園比屋武御嶽石門

仲間川（西表島）

ヤンバルクイナ
(環境省那覇自然環境事務所提供）

アマミノクロウサギ

オキナワイシカワガエル

首里城正殿

玉置山からの眺望（熊野）

サンティアゴ巡礼路
（フランス）

まえがき

緒方　修

琉球の世界遺産を記したもっとも古い記録は何だろうか。おそらく「おもろさうし」だろう。現代語訳の岩波文庫（外間守善校注）から拾ってみた。首里王府が、沖縄・奄美に伝わる古謡ウムイを採録した歌謡集。十六世紀から十七世紀にかけて編集した神歌だ。探しているうちに気が付いたのは、風景描写が少ないことだった。例えば最初に斎場御嶽《せーふぁーうたき》が登場するのは三四首。

「聞得大君ぎや　斎場嶽　降れわちへ　うらうらと　御想ぜ様に　ちよわれ」

―名高く霊力豊かな聞得大君が、斎場嶽寄り満ちへに降り給いて、国王様は神の恵みを受けて、穏やかなお考えのようにましませ―。

すぐ近くの知念城址についてはたくさんあるが、一三一二首では以下のように謡っている。

「知念杜ぐすく　神降れ初めのぐすく　又大国杜ぐすく　神が降れ初めのぐすく」

―知念杜ぐすく、大国杜ぐすくは立派なぐすくである。祖神が初めて神降りをしてきた、由緒あるぐすくであるよ―。

勝連城址については例えば一一三四首。

「勝連の阿麻和利　玉御柄杓　有りよな　京　鎌倉　此れど　言ちへ　鳴響ま（後略）」

―勝連の阿麻和利、肝高の阿麻和利は、神酒を注ぐ玉御柄杓を持っているよ。大和の京、鎌倉にまで、これぞいい囃して鳴り響かそう―

珍しく城門や石垣の様子を謡った二首を見つけた。

「聞ゑ中城　東方に向かて　板門　建て直ちへ　大国　襲う　中城　又　鳴響む中城　てだが穴に　向かて」

―名高く鳴り響いている中城は、東方（太陽の穴）に向かって城門を建てて立派にして、大いなる国を支配する中城であることよ―。

「聞ゑ今帰仁　百曲り　積み上げて　珈玻瓓寄せ御ぐすく　げらへ　又　鳴響む今帰仁」

―名高く鳴り響く今帰仁は、城壁を百曲がりに積み上げて、珈玻瓓玉を寄せる御ぐすくを造営して、立派なことよ―

時代が下り、三〇〇年前の琉球を訪れた徐葆光の「奉使琉球詩　船中集」（鄔揚華著―出版社 Mugen）には琉球へ近づいた喜びが生き生きと描写されている。風が一時止まり、船乗りは「衣をひるがえして舞い」媽祖への祈りを捧げる。やがて「虹のように美しい裳裾がマストの動きで揺れ動く」。天妃への祈りが通じ、風が出てきたのだ。「斜めに進めば読谷山、左に転じれば崎山（伊江島）と本島の間に至る。多くの灯りが船の狼煙に応じている。山では夜通しでたいまつに点火している」。

冊封使を迎える琉球の人々の歓迎ぶりが眼に浮かぶようだ。余談だが、この時代の情報伝達方法を再現しようと、二〇一一年から二年続けて久米島、渡嘉敷島で烽火を上げたことがあった。冊封使の一行は、福建省を出ていまの尖閣諸島を目印にして琉球へ向う。順調に進めば一週間程度で琉球に到着する。琉球側では久米島で最初に船を見つけ、烽火を上げる。続いて島々に烽火が上がり、本島で確認したら早馬で首里城に伝える仕組みだ。実験は残念ながら二年続けて強風に見舞われ、首里城からは烽火の確認が出来なかった。おそらくは今帰仁城や勝連城などでも一時期は烽火による情報伝達を独自に行っていたのではないか。

さて「奉使琉球詩」に戻ると、首里王府での儀式や中国皇帝の恩恵については詳しいが、首里城についての描写は一行のみ。「中山（琉球国）の宮殿は、山の頂上に立っている。闕を設けた王府の庭は、その奥にある正殿をおごそかにしている」。

時代がさらに下り十九世紀、一八五三年に琉球を訪ねたペリーは探検隊を派遣した。中城城を調査した一行は、石造りのアーチ門や石垣の優美さに感嘆している。「要塞の資材は、石灰岩であり、その石造建築は、賞賛すべきものであった。石は……非常に注意深く刻まれてつなぎ合わされているので、漆喰もセメントも何も用いていないが、この工事の耐久性を損うように思わなかった」（中城城址共同管理協議会作成パンフレットより）

十九世紀に至ってようやく「科学的な精神」が行き渡り、城の素材や建築法に対する「観測」が記述されたのだろう。

現在ではグスクの「縄張り」の調査が當眞嗣一氏（元沖縄県立博物館長）などによって続けられている。沖縄の世界遺産（琉球王国のグスク及び関連遺産群）は同時に聖地でもある。當眞氏から聞いた印象深い話がある。世界遺産登録の可否を決めるイコモス（国際記念物遺跡会議）の海外からの調査メンバーがあるグスクを訪れた時のこと。石垣のふもとに線香を置き、両手を合わせて一心に祈る老女の姿があった。東アジア世界との交流で培われた独自の精神世界がここにある！「これぞ世界の宝」とメンバーが実感したのだろう。それが世界遺産登録への後押しになったのではないか。沖縄では、おもろさうしに謡われた神歌が人びとの心に生きている。海の安全を守る女神・媽祖を祀る神社も残っている。

奄美・琉球の自然が二〇一三年一月に世界自然遺産の暫定リストに載った。登録に至れば沖縄県は文化、自然の二つの世界遺産を持つ唯一の県になる。やんばるの森が世界遺産に登録されるかもしれない。しかしそこには本島の二割を占める米軍演習地がある。日本国憲法の及ばない軍事基地。その上を危険なオスプレイが飛び回り、希少生物の命や森が脅かされ、住民の生活も成り立たないようでは世界自然遺産の価値は半減する。後世の人々に誇れるような世界文化遺産と世界自然遺産をいつまでも残したい。南海の小国として輝いていた時代の文化を継承してゆかなければいけない。

世界遺産・聖地巡り●目次

第2章
琉球王国の世界遺産

第3章
聖地巡りとしての世界遺産

道の世界遺産　熊野古道

サンティアゴ巡礼路

第4章
新たな世界遺産に向けて

奄美・琉球を世界自然遺産へ　岡野　隆宏　215

四国遍路　胡　光　243

第1章

世界遺産条約の仕組みと今を知る

世界遺産条約の仕組みと今を知る

花井　正光

はじめに

今年、二〇一二年は世界遺産条約がユネスコ総会で採択されて四〇周年にあたります。世界各地でさまざまなテーマで記念の会合が開かれていて、来月（一一月）京都で一連の会合の締めくくりとしてユネスコによる公式の最終会合が開かれることになっています。今では、一九〇の国や地域が加盟するこの条約ですが、日本がこの条約を批准したのは一九九二年、つまり二〇年遅れてのことでした。何故二〇年遅れての締約だったかは、ふり返ってみる価値のある話だと思いますが、ここでは触れずにおきます。

さて、世界遺産といえばテレビ番組や新聞紙上で目にすることが多く、一般的に関心も高い事象かと思います。例えば、ここにお見せする一連の新聞記事をご記憶の方もおみえでしょう。①は昨年（二〇一一年）、文化庁が設置する審議会で、富士山と鎌倉の世界遺産一覧表（世界遺産リスト）への登録を推薦することを決めたときの報道です。また、②は今年の夏、群馬県

世界自然遺産
暫定リスト

奄美・琉球を来年1月提出

環境省の星野一昭官房審議官は2日、奄美・琉球諸島（鹿児島、沖縄）の世界自然遺産登録に向け「暫定リストを来年1月に提出すべく準備を進めたい」と述べた。国連教育科学文化機関（ユネスコ）への暫定リスト提出について、これまで環境省は早ければ来年1月を目指す方針を示していたが、時期をより明確にした。

暫定リストは、各国がユネスコに世界遺産登録を求める候補の一覧表。この中から各国が推薦した候補について、登録の可否が審査される。

星野審議官は、早期の登録実現に向け「外来種対策や希少な野生生物の保護増殖事業を進めるとともに、国立公園など保護区の設定に向けた調整に着手している」とした。鹿児島市で開かれた世界遺産条約採択40周年記念のシンポジウムで話した。

③琉球新報 2012年10月3日

世界遺産に推薦 富士山・鎌倉内定

文化審議会

「富士山」と「鎌倉」の世界遺産登録に向け、文化審議会は1日、日本政府として両候補地をユネスコ世界遺産委員会に推薦することを妥当と結論づけた。事実上の推薦内定で、文化庁は2013年の登録を目指し、関係省庁と調整して9月末までに暫定版推薦書、来年1月末までに正式推薦書を委員会に提出する。

文化審議会は、富士山については古くから民間信仰の対象となり浮世絵など芸術作品のモチーフとなってきたこと、鎌倉は武家文化が花開いた場所であることを重視し、推薦は妥当と判断。登録に向けて、地元自治体などが保全を強化する必要があるとした。

富士山、鎌倉を除き、世界遺産候補として日本の「暫定一覧表」に載り、政府の推薦を待っているのは、「彦根城」「富岡製糸場と絹産業遺産群」「長崎の教会群とキリスト教関連遺産」など10件ある。

①朝日新聞 2011年9月2日

②

富岡製糸場の世界遺産推薦決定　政府、ユネスコへ

政府は23日、世界遺産条約関係省庁連絡会議を開き、2014年の世界文化遺産登録を目指している「富岡製糸場と絹産業遺産群」（群馬県）の国連教育科学文化機関（ユネスコ）への推薦を正式に決めた。

暫定版の推薦書を9月中に、正式版を来年2月までに提出する。来年夏ごろにユネスコの諮問機関である国際記念物遺跡会議（イコモス）が現地調査し、14年夏の世界遺産委員会で登録の可否が決まる。

富岡製糸場は、国内で初めて西欧から最新の技術を導入して1872年に設立された官営製糸工場。世界的にも絹産業の発展に重要な役割を果たしたとされ、文化審議会が先月、世界遺産への推薦を了承。

2012/08/23 12:32　【共同通信】

「富岡製糸場と絹産業遺産群」のユネスコへの推薦を正式決定するため、開催された関係省庁連絡会議＝23日

②共同通信の報道 2012年8月23日

にある富岡製糸場を世界文化遺産に推薦することを、関係省庁で構成する連絡会議で決めたときの報道記事です。さらに、③はつい先頃の新聞報道で、奄美大島や沖縄島などの世界自然遺産登録に備え、暫定一覧表（暫定リスト）を二〇一三年一月中にも提出する意向を環境省が表明したことを報じた記事で、沖縄に関係するだけに多くの県民が関心を寄せたことでしょう。

これらの記事にみえる推薦書の提出やその前段階としての暫定リストの提出といった事務的手続きのほか、世界遺産に関する国際的なルールはたくさんありますが、一連の仕組みの概略を理解しておくと世界遺産がいっそう身近な存在になるはずです。そこで、まずこの仕組みをざっと紹介した後、四〇年を経た世界遺産にどんな事態が生じてきているか展望することにします。

一、世界遺産条約の仕組み

通称、世界遺産条約は一九七二年一一月にパリで開催された第一七回ユネスコ総会で採択され、四〇年を経たいま（二〇一二年九月末）、締約している国・地域は一九〇に、世界遺産リストに登録されている遺産は、一五七の国や地域で文化遺産七四五件、自然遺産一八八件、複合遺産二九件、総計九六二件にのぼり、あと数年もすれば一〇〇〇件に到達しそうです。

世界遺産は多くの人の関心を集めていますが、おおもととなる世界遺産条約を概括すると表1のように簡略化できます。この表にそって、主に「世界遺産条約履行のための作業指針」[*1]（以

名称 ： 世界の文化遺産及び自然遺産の保護に関する条約
Convention Concerning the Protection of the World Cultural and Natural Heritage

採択 ： 1972年11月(発効：1975年12月)、　締約国数 ：190か国(2012年11月現在)
日本の加盟 ： 1992年9月

条約の目的 ： 顕著な普遍的価値を有する文化遺産及び自然遺産を認定し、保護、保全、公開するとともに、将来の世代に伝えるため国際的な協力及び援助の体制を確立する。

内容 ： ①保護を図るべき遺産の一覧表を作成し、締約国の拠出金から成る世界遺産基金により、各国が行う保護対策を援助する。
②締約国は、自国の自然等の中から遺産を認定し区域を定めるとともに、自国及び他国の遺産を保護する等の努力義務を負う。

執行機関：世界遺産委員会(21ヶ国が任期付きで構成)

事 務 局 ：UNESCO世界遺産センター(パリ)

諮問機関：ICOMOS、ICCROM、IUCN

履行指針 ： 「世界遺産条約履行のための作業指針」（逐次改訂により世界遺産委員会決議を反映）

表１　世界遺産条約の概要

下「作業指針」）を参考にしながら少し解説してみます。

なお、この作業指針ですが、地球上の多様な自然や文化に応じたきめ細かさと時代の変化への迅速かつ適切な対処を条約に求めるには無理があるため、世界遺産委員会での審議により適宜改訂でき、柔軟ながら適正な条約の運用を期す方途として作業指針が作成されており、その詳細かつ体系的、補完的な記述にその作成意図を読み取ることが出来ます。

さて、この条約の正式名称は、「世界の文化遺産及び自然遺産の保護に関する条約」（略称「世界遺産条約」）といい、英語表記だと Convention Concerning the Protection of the World Cultural and Natural Heritage です。本条約の目的は顕著な普遍的価値を有する文化遺産及び自然遺産を認定し、保護・保全を図り、公開するとともに、将来世代に伝えていくことにあるとされています。また、人類にとって共通の価値を持つ文化遺産及び自然遺産を国際的な協力及び援助によって保護するための体制の確立を目指すことをも目的としています。「顕著で普遍的な価値」と「国際的な協力及び援助による保護」はこの条約のキーワードです。

「顕著で普遍的な価値」を作業指針は、「国家間の境界を超越し、人類全体にとって現代及び将来世代に共通した重要性をもつような、傑出した文化的な意義及び又は自然的な価値を意味する」と定義しています。要するに地球上のどこにあっても、誰にとっても飛びぬけて高い価値を有するものを指すのでしょう。そのような人類の宝ものを恒久的に保護することは国際社会全体にとって最高水準の重要性を有することになるわけで、だからこそ国際的な協力や援助体制を確立することが必要不可欠になるわけです。このあたりがこの条約のポイントで、国際的な協力及び援助に関する規定が条約の条文のかなりの部分を占めていることも理解できます。

十分かどうかはさておき、日本は文化財保存や自然保護に自力で取り組める制度や仕組みを持っていますが、世界的に見るとまだそういうふうになっていない国が結構たくさんあるんです。そういった国にある貴重な遺産の保護を国際的な協力や援助でサポートする仕組みがこの条約の大事な役割と言えます。世界遺産を観光資源とする地域振興への期待が大きい気がしますが、世界遺産の本来の役割や効果に関心を向けてほしいと思います。

それで、この条約の精神はと言うと、①保護を図るべき遺産の一覧表を作成し、締約国の拠出金から成る世界遺産基金により、各国が行う保護対策を援助すること、②締結国は、自国の自然や文化財の中から遺産を特定し区域を定めるとともに、自国及び他国の遺産を保護する等の努力義務を負うといったところでしょうか。①の「保護を図るべき遺産の一覧表」がいわゆる世界遺産リストを指します。締約国は自国の中で、顕著な普遍的価値があると思われる遺産の暫定リストをまず作り、登録に要する要件を整えてから推薦するといった一連の手続きを経ることになります。

この条約を運用するうえで大きな役割を担っているのが、二一ヵ国で構成される世界遺産委員会です。条約では、この委員会の名称を「顕著な普遍的価値を有する文化遺産及び自然遺産の保護のための政府間委員会」としています。通常、委員会会合は年一回（六〜七月頃）開催されることになっていて、世界遺産リストへの登録をはじめ登録世界遺産のモニタリング、世界遺産基金の管理などについての審議がなされます。構成メンバーの任期は原則六年ですが、衡平な代表性や機会均等を図る観点から四年とし再選を自粛する申し合わせがあるようです。因みに、日本は現在この委員会の構成メンバーになっています。

この世界遺産委員会を補佐するための事務局として世界遺産センターがパリに置かれており、通常の事務処理を行っています。多くの専門家もいます。それから世界遺産委員会には諮問機関が置かれており、専門的な立場から世界遺産リストの登録に関する一連のプロセスに関与したり、登録世界遺産の保護管理状況の監視など重要な役割を担っています。文化遺産はＩＣＣＲＯＭ（イクロム：文化財保存及び修復の研究国際センター）とＩＣＯＭＯＳ（イコモス：国際記念物遺跡会議）が、自然遺産はＩＵＣＮ（アイユーシーエヌ：国際自然保護連合）がそれぞれ担当しており、いずれも古くて由緒ある国際的な非政府機関（ＮＧＯ）です。以上が、ざっとみた世界遺産条約の枠組みです。

二、日本の世界遺産事情

ここで、日本の世界遺産についておさらいをしておきたいと思います。

表2にみるように現時点で世界遺産一覧に登録されている日本の資産は、全部で一六件あり、うち文化遺産が一二件で、自然遺産は四件です。平泉と小笠原諸島が昨年（二〇一一年）新たに加わりました。

二〇〇三年、環境省と林野庁が設置した専門家会議が日本から新たに追加する自然遺産の候補地を、知床と小笠原、そしてこのあたり、琉球列島の三ヵ所に絞り込んだ経緯があります。このうち知床と小笠原は既に世界遺産に登録されましたから、残っているのは琉球列島だけになっています。それで、ここにきて冒頭の新聞報道にあったように「奄美・琉球諸島」として自然遺産の登録を目指し動きだすという流れです。

文化遺産一二件のうちで一番新しいのは岩手県の平泉です。平泉の世界遺産登録にはちょっとした紆余曲折がありました。ご承知の方も多いかと思いますが、二〇〇八年の世界遺産委員会で平泉は登録に至りませんでした。諮問機関（ＩＣＯＭＯＳ）の「登録延期」勧告を受けての決議でした。この措置の理由にあげられた問題点を見直し、二〇一〇年に推薦書を再提出して翌年七月の世界遺産委員会で登録決議に至りました。この年の三月一一日に起きた未曾有の

区分・登録名称	所在地	登録年月	評価基準
自然遺産			
白神山地	青森県、秋田県	1993/12	9
屋久島	鹿児島県	1993/12	7・9
知床	北海道	2005/7	9・10
小笠原諸島	東京都	2011/6	9
文化遺産			
法隆寺地域の仏教建造物	奈良県	1993/12	1・2・4・6
姫路城	兵庫県	1993/12	1・4
古都京都の文化財	京都府、滋賀県	1994/12	2・4
白川郷・五箇山の合掌造り集落	岐阜県、富山県	1995/12	4・5
原爆ドーム	広島県	1996/12	6
厳島神社	広島県	1996/12	1・2・4・6
古都奈良の文化財	奈良県	1998/12	2・3・4・6
日光の社寺	栃木県	1999/12	1・4・6
琉球王国のグスク及び関連遺産群	沖縄県	2000/12	2・3・6
紀伊山地の霊場と参詣道	三重、奈良、和歌山県	2004/ 7	2・3・4・6
石見銀山遺跡とその文化的景観	島根県	2007/ 7	2・3・5
平泉ー仏国土(浄土)を表す建築・庭園及び考古学的遺跡群ー	岩手県	2011/6	2・6

表２　世界遺産リストに登録されている日本の世界遺産

東日本大震災のすぐ後だっただけに、平泉の登録は希望の灯をともす出来事としておおいに地元を元気づけたことは皆さんの記憶にも新しいと思います。

ここで、注目しておいてほしいのは、推薦書を提出した遺産が、専門的な諮問機関の勧告とはいえ、一度は登録の決議が得られなかったという点です。後ほど触れますが、世界遺産リストへの登録件数が増加するのにつれ世界遺産委員会にみられる登録抑制の動きと無縁ではないからです。この傾向は文化遺産でより強く、文化遺産の登録の門戸を狭める結果を案じる向きは少なくありません。

この問題に関連して、日本が新たに世界遺産リストへの登録を目指している資産の目録（暫定リスト）をみてみます（表3）。現時点で、この目録に載せている資産は一三あります。いずれも文化遺産ですが、このうち富士山と鎌倉は

- 「古都鎌倉の寺院・神社ほか」（神奈川県、1992）
- 「彦根城」（滋賀県、1992 ）
- 「富岡製糸場と絹産業遺産群」（群馬県、2007 ）
- 「富士山」（静岡県・山梨県、2007 ）
- 「飛鳥・藤原の宮都とその関連資産 群」（奈良県、2007）
- 「長崎の教会群とキリスト教関連遺産」（長崎県、2007 ）
- 「国立西洋美術館(本館)」（東京都、2007 ）
- 「北海道・北東北を中心とした縄文遺跡群」（北海道・青森県・岩手県・秋田県、2009）
- 「九州・山口の近代化産業遺産群」（福岡県・佐賀 県・長崎県・熊本県・鹿児島県・山口県、2009）
- 「宗像・沖ノ島と関連遺産群」（福岡県、2009）
- 「金を中心とする佐渡鉱山の遺産群」（新潟 県、2010）
- 「百舌鳥・古市古墳群」（大阪府、2010）
- 「平泉－仏国土（浄土）を表す建築・庭園及び考古学的遺跡群」（岩手県、2012）

表３　我が国の暫定一覧表記載資産（2012年10月現在）

二〇一二年の年明け、世界遺産委員会に推薦書を提出済みで、二〇一三年に開かれる世界遺産委員会で審議される運びとなっています。さて、結果はどうなるでしょうか。成り行きが注目されます。また、富岡製糸場については先の新聞報道にあったとおり、二〇一三年そうそうに推薦書が提出されることでしょう。それはともかく、この暫定リストは、条約にもとづき予め提出することが義務づけられており、登録審議の前提条件になっているものです。何故こうしたルールがあるかは後で触れます。

ところで、日本の登録世界遺産で話題にしておきたい資産に原爆ドームがあります。古都の奈良、京都の社寺群や白川郷・五箇山の合掌造り集落の景観とは大きく異なる、建物の残骸ともいえる佇まいです。世界で唯一被爆国であり、その被爆の証がこの遺跡なのです。戦争とか、忌まわしい記憶に繋がるものに文化財的価値を認める考え方は最近台頭したもので、新しい文化財のひとつである「負の遺産」[*2]というカテゴリーに分類されます。この以前にはなかった文化財のカテゴリーは、世界遺産が普及をもたらすきっかけをつくったと言ってもいいでしょう。世界の恒久的平和を願って創設されたユネスコの憲章にも配慮した世界遺産条約としては必然的な取り組みであったと考えられます。国内でも戦争に関連する遺跡など負の遺産を文化財に指定する事例が増えつつあるようです。

日本の世界遺産についての話題はこのへんで置きますが、冒頭の報道記事にみた奄美・沖縄の世界自然遺産の登録に向けた動きが始まろうとしている折柄、この地域に住む者にとっての関心事であるだけに今後の成り行きに注意を払っていきたいと思います。本書（第4章）には、鹿児島大学の岡野さんによる奄美・沖縄の世界自然遺産登録についての詳しい解説があります。

三、世界遺産条約の歴史と狙い

さて、話を世界遺産条約にもどします。この条約が目的とするところは既に紹介しましたが、ここでこの条約ができた背景とおよその沿革も、ざっとですが触れておきます。

一九七二年に本条約が採択された背景のひとつに、一九六〇年代頃から世界的に深刻化した環境問題があります。近代化に伴い環境汚染や自然環境の破壊が進んで野生動植物種の絶滅が急増し、ついには人類の生存を脅かす事態が懸念される一方、歴史的な記念物や建造物などの文化遺産の消失が激化するなか、地球規模での対策の必要性が国際的に共有されるまでに至っ

① 在来の原因に加え、社会的・経済的状況の変化により破壊の脅威を惹起

② 文化・自然遺産の損壊、滅失は世界のすべての国民にとって遺産が貧困化

③ 多額の資金を要し、経済・学術・技術的能力が欠如により保護が不完全

④ ユネスコ憲章の規程を尊重

⑤ 無類でかけがえのない文化・自然の財の保護が世界の国民のために重要

⑥ 特に重要性を有す文化・自然遺産は人類全体にとって保存する必要がある

⑦ 顕著な普遍的価値を有する文化・自然遺産の保護への参加は国際社会全体の責務

⑧ 集団での保護の常設的枠組みと科学的方法による組織を確立するための新たな措置を条約として採択する

表４　世界遺産条約前文にみるその思想

たのでした。一九七二年六月ストックホルムで開かれた国連人間環境会議は、環境破壊問題を地球規模で取り上げた初の国際会議でした。この会議における決議のひとつに世界遺産条約の採択を求める件が含まれていました。日本では環境省の前身である環境庁が創設され、良好な自然環境の保全を担当する専門機関をスタートさせたのは前年の一九七一年のことでした。

一九七〇年代初頭の国際社会の情勢を背景に世界遺産条約が成立したことは、この条約の前文からも読み取れます。前文のはじめと終わりを除く八つの段落は表４のように要約されるかと思います。要するに、この前文（末尾の全文を参照）で、世界中で文化遺産と自然遺産の破壊に直面するなか、これら遺産の衰亡や消滅は当該国にとどまらず世界中の国民にとって損失であり、とりわけ特別の重要性を有し人類全体の宝として保存すべき遺産もあり、顕著な普遍的価値を有するこれらの遺産の保護は他の国際条約や国際的な勧告や決議でも明らかにしており、国際社会全体の任務として集団で保護するた

１９４５	国連の専門機関としてユネスコが創設される
１９４８	ＩＵＣＮが発足し自然環境の国際的保護の動きがはじまる
１９５４	ユネスコ、武力紛争時にも当事国の文化財の保護するハーグ条約を採択
１９５９	ユネスコがナイル川上流域アスワン・ハイ・ダム計画により水没するヌビア遺跡の救済キャンペーンをはじめる
１９６２	ユネスコが景観と遺跡の保存についての勧告を提言
１９６５	米国ホワイトハウスで自然景観と遺跡の保存をめざす世界遺産トラストについて国際会議が開催さる（ＩＵＣＮによる自然遺産条約草案はじまる）
１９６６	ユネスコが洪水被害を被ったベニスの救済のための国際キャンペーン
１９６６	ユネスコ、遺跡保存のための条約起草を決定（第14回総会）
１９６８	ＩＵＣＮが世界遺産トラストを提唱
１９７１	国連人間環境会議準備会合においてＩＵＣＮ自然遺産条約とユネスコ文化遺産条約の重複が指摘される
１９７２	ユネスコ、第17回総会で合併した条約として世界遺産条約を採択
１９７５	世界遺産条約発効
１９７８	１２の世界遺産が初めて登録される
１９９２	条約20周年記念として条約事務局の世界遺産センターを創設
１９９２	日本が世界遺産条約を批准し125番目の加盟国になる

表５　世界遺産条約関連略年表

めの常設的かつ科学的方法による体制を条約として用意するとの理念を提示し、いわば世界遺産の思想を述べています。世界の遺産の保存・保護を確保するとともに、国や国民に知識の維持、増進及び普及を旨とするユネスコの憲章を喚起している点にも注意したいと思います。

ところで、世界遺産条約ができた時代背景は先にみたところですが、人類にとって掛け替えのない貴重な自然や文化財を国際的協力のもとで保護を図る取り組みは、実はそれ以前から展開されていたのです。ごく簡略化した年表（表5）をご覧ください。

ユネスコは一九四五年、第二次世界大戦のあと間もなくスタートします。当初からユネスコは文化財の保存に熱心でした。戦争による文化財の破壊を反省し、世界の多様な文化を相互に尊重することで戦争を回避しようという理念のもとで発足したユネスコですから当然の取り組みと言えます。一方、国際的な自然保護団体であるＩＵＣＮも少し遅れて発足しています。戦争が自然環境の破壊を招くことへの反省を共有してのことでしょう。

エジプトのナイル川にアスワン・ハイ・ダムという、大規模なダムを造る計画がもちあがり、予定地にあるヌビア遺跡という古代遺跡がダムで沈んでしまう事態が生じ、一九五九年にユネスコは国際的な協力キャンペーンをはりました。その結果、寄せられた資金及び技術援助により遺跡群を解体し、完成後のダム湖の水位より高い場所で正確に復元して水没から救済することに成功しました。この出来事を契機にして、ユネスコは著しく価値の高い遺跡や建造物、記念工作物などを国際協力による基金によって保存を図るための条約づくりを押し進めることになります。

かたやＩＵＣＮは発足当時から、地球規模で重要な国立公園のような保護地域を国際的な協力により保護を図ることを目指しており、国立公園を世界に先駆け制度化したアメリカの主導のもと、一九七二年の国連人間環境会議に向け条約案の作成作業を進めた経緯があります。

文化遺産の保存のための仕組みを目指すユネスコと、自然遺産の保護を図る装置づくりを意図するＩＵＣＮのそれぞれが用意した条約の草案には重複するところがあり、結局これら二つの条約案をひとつの条約とすることになり、一九七二年のユネスコ総会で世界遺産条約として採択をみるに至りました。そして、その三年後の一九七五年に発効したこの条約にもとづいて一九七八年から世界遺産リストへの登録が開始されるようになりました。世界遺産第一号は、文化遺産八件と自然遺産四件の計一二件で、自然遺産には誰もがその名を耳にするアメリカのイエローストーン国立公園とガラパゴス諸島が含まれています。

年表は日本が条約採択から二〇年たった一九九二年に批准し、一二五番目の締約国になったところで切り上げてあります。一九九二年は「持続可能な発展」[*3]をスローガンに、国際社会が一丸となって地球環境問題に立ち向かう新たな枠組みをスタートさせた国連環境開発会議、いわゆる地球サミットが開催された特別の年でしたが、日本の世界遺産条約への加盟をもたらしました。

四、世界遺産リスト登録までの道のり

さて、世界遺産リストに登録されるまでの手順はどうなっているのでしょうか。ここからは、図1の流れにそって作業指針に基づき簡単に説明します。

締約国の政府は、まず自国に所在する世界遺産候補を掲載した暫定リストを作成し、世界遺産センターに提出します。この暫定リストの提出は推薦書を提出する以前でなければなりません。その後、登録要件を満たす資産を定められた様式により推薦書を作成し提出することになります。その際の記載内容は、作業指針により当該資産について顕著な普遍的価値の証明、講じられている保全措置、当該資産の保全への影響予測、モニタリングの実施要領、保護管理計画、管理体制などの事項について予め決められています。これらの記載に関する評価をまずは

推薦する各国政府が行うわけですが、推薦した資産が実際に登録されるか否かはこの段階では定かではありません。

世界遺産センターは受け取った推薦書の記載内容に不足がないか精査し、必要に応じて提出国に照会・修正した後、推薦のあった資産が世界遺産リストに登録するに足りるものか否かの審査を諮問機関に依頼します。文化遺産の評価はＩＣＯＭＯＳ、自然遺産はＩＵＣＮ、複合遺産ならこれら両方の諮問機関が評価を担当することになっています。

評価依頼を受けたこれらの諮問機関は、現地踏査を実施するほか登録の要件について適合させるための追加措置を求めるなどして、当該資産が顕著な普遍的価値を持つか、その他の要件を満たしているかどうか審査を行います。この審査にあたっては、客観的で厳正かつ科学的であること、一貫した専門性を保つこと、登録の要件について個別、具体的に述べることなど九項目の原則が求められています。そ

各国政府
①条約を批准　②暫定リストの作成・提出　③登録要件を満たす資産を推薦

↓

ユネスコ世界遺産センター
①締約国からの推薦を受理　②ＩＣＯＭＯＳ(文化遺産)、ＩＵＣＮ（自然遺産）に現地調査と評価を依頼

↓

諮問機関（ＩＣＯＭＯＳもしくはＩＵＣＮ）
①専門家による当該地の価値、保護状況、管理体制等につき現地調査
②世界遺産委員会に評価書提出

↓

世界遺産委員会
①諮問機関による評価報告書に基づきリストへの登録の可否等を決議

図１　世界遺産リストへの登録の手順

の上で、世界遺産リストへの登録に関して、無条件登録、不登録、情報照会もしくは登録延期の三つのうち何れかの判断を勧告として世界遺産委員会に宛て報告することになります。

毎年六〜七月に開催される世界遺産委員会は、諮問機関から提出される勧告の内容を勘案して登録について四つのうち何れかの決議を採択することになります。この四つの決議とは、作業指針によれば登録、不登録、情報照会及び登録延期で、締約国に追加情報を求めるのが情報照会、より綿密な評価や調査が必要な場合や締約国に推薦書の本質的な改訂を求める場合が登録延期に区分されています。

以上、登録推薦書の提出から世界遺産委員会における決議の採択までの一連の手続きは一年と六ヵ月を掛けて行われることになります。

五、世界遺産リスト登録に不可欠な要件

ところで、世界遺産には文化遺産、自然遺産及び複合遺産のカテゴリーがあることは周知のとおりです。文化遺産は記念物、建造物、遺跡及び文化的景観の四つ、自然遺産は地形、生物及び景色の三つの類型に区分され、これら三つのカテゴリーとそれぞれの類型は条約及び作業指針で定義や解説がなされていますが、いずれの類型においても「顕著な普遍的価値」を有するとする点で共通しています。しかしながら、これらの各類型の定義は具体性に欠け、「顕著な普遍的価値」の評価はこれだけでは困難であることを受け、作業指針に評価基準を示してい

１顕著な普遍的価値の証明
登録基準（文化遺産：６、自然遺産：４）への適合

２真正性及び／又は完全性の条件を満たすこと
真正性：意匠、材料等がオリジナルな状態を保っていること。
完全性：顕著な普遍的価値が発揮されるのに必要な要素が全て含まれ、開発などの負の影響を受けていないこと。

３保護を担保する万全の保護措置が整っていること
法措置、規制措置等による保護措置
効果的な保護のための境界線の設定
緩衝地帯
管理体制
持続可能な利用

表６　顕著な普遍的価値を有すると見なす要件（登録の要件）

ます。文化遺産については六つの、自然遺産については四つの基準が設けてあり、これらの評価基準をひとつ以上満たせば「顕著な普遍的価値」を持っているとみなせることになり、ⅰ～ⅵによるなら文化遺産、ⅶ～ⅹによるなら自然遺産、両遺産の評価基準にまたがる二つ以上の基準を満たす場合は複合遺産として世界遺産リストに登録する基本的要件を備えることになるわけです。もっとも、既に登録されている世界遺産との比較対照により、唯一無二の性質をもつといった希少性と、数ある同種の遺産にあっての代表性についても、「顕著な普遍的価値」の証明の一環にすることが求められ、また、諮問機関が現地での評価に派遣する専門家もこれらの視点を加えて推薦資産を評価するであろうとみてよいと思います。

表６をご覧ください。世界遺産リストへの登録に不可欠な「顕著な普遍的価値」を有すとみなすには、評価基準に合致する以外に幾つかの要件を

満たす必要があるとされる事項を列記してあります。まずは、真正性と完全性が担保されていることが要求されます。真正性とは、要するに本物でなければという思想ですが、この要件は文化遺産に適用されるもので、仕様や原材料がオリジナルと変わっていないことに重きを置く考え方です。文化財の保存のあり方として理解できはしますが、あまりにこだわると、例えば石を用いた建造物や建築物などに限られる事態を招きかねない結果が懸念されます。ただ、建造物の再建を考えると、作業指針による「完全かつ詳細な資料に基づいて行われる場合のみ許容され得るもので、憶測の余地があってはならない」との指摘はそのとおりだと思います。

次に完全性についてですが、この属性は文化遺産と自然遺産いずれも適用されるもので、作業指針によると「すべてが無傷で包含されている度合いを測るための物差しである」であって、次の観点から評価する必要性が指摘されています。すなわち、「①顕著な普遍的価値が発揮されるのに必要な要素がすべて含まれているか。②当該資産の重要性を示す特徴を不足なく代表するために適切な大きさが確保されているか。③開発及び又は管理放棄による負の影響を受けているか。」これらの評価を適切に行うには科学的知見が欠かせないわけです。なお、作業指針は自然遺産の評価基準ⅶ～ⅹについては、各基準ごとに完全性の条件を定義しており興味深いものがあります。

さて、以上の要件を満たす以外に、表の三番目の事項に列記している要件がまだあります。ざっと、みておきましょう。まず、法措置、規制措置等による保護措置について。世界遺産のより確かな保護には国や地方自治体の法制度に期待するところが大で、わが国の登録世界遺産については文化財保護法、自然公園法、森林法、都市計画法など国の法制のほか、地方自治体が定める各種条例により、世界遺産とその緩衝地帯、さらにその外縁の周辺地域の景観の維持が図られています。

次の登録要件にある効果的な保護のための境界線の設定というのは、わが国ではあまり問題にならないように思います。上記の法制度に基づき史跡や国立公園などを指定する場合、境界を地図上に明示しないで済ませることはないからです。都市計画法や景観法の適用についても然りです。この条件が問題になるのは、途上国など保護制度そのものに加え地図の整備も十分でないところでは、ハードルの高い条件になる可能性があるでしょう。

次の緩衝地帯が設定されているかどうかですが、これは大事な条件要素になります。特に文化遺産では緩衝地帯の確保は必須条件とされ、登録世界遺産の範囲の外側一円に配置し、遺産地域の保存に差し障りのある影響を排除するのに緩衝地帯の役割を重視しているわけです。比較的広大な広がりをもつ自然遺産とちがい、文化遺産の対象域ははるかに狭いもので、周辺で生じる事態の影響が及びやすいことも背景にあります。この緩衝地帯の設定による保護対象の保存強化策は、世界遺産の仕組みがその普及を後押しする効果を期待したいところです。世界遺産ならずとも、未来に継承すべき文化資産の有効な保護方策として定着を図りたい手法のひとつだからです。

次に管理体制があげられています。推薦書において登録資産の顕著な普遍的価値をどのようにして保全を図るかを明示することが求められます。現在及び将来にわたり効果的な保護を確かなものにする上で、保護管理計画とそれを実施する保護体制はいうまでもなく欠かせない要件です。既存の枠組みを越えた多様な関係主体の参画による参加型手法の導入に、作業指針は言及しています。人の日常生活圏と同所的に所在することの多い文化遺産の保存体制では、従来も利害関係者が協議に加わって管理計画が策定されるケースが少なくなかったものの、優れた遺産と共生することに意義を認め、またアイデンティティーの源としてより多くの地元関係者による保存計画の策定と実行が進む体制が、自然環境の保全も含め各地に広がることを期待したいと思います。

最後にあげられているのが持続可能な利用という事項です。持続可能な利用という概念は世界遺産条約が実は重視している点で、世界遺産を地域の福利向上に活用することが結果的に人類共通の貴重な遺産の保護を促進すると考えるからです。従来の文化遺産や自然遺産の取り組みが当事者であるはずの住民を脇に置く傾向があったのは否めない点であり、地域に蓄積されたさまざまな伝統的知識や技術はまさに循環型で持続可能な地域社会を維持するツールであったとの視点も加わり、適切な資源利用と保護活動を統合した振興計画に関心が高まる傾向にあります。世界遺産条約の遂行上の課題として地域の役割の再認識と能力開発の必要性が強調され始めたところなのです。

・文化遺産	顕著な普遍的価値を有する記念工作物、建造物群、遺跡、文化的景観など	745件
・自然遺産	顕著な普遍的価値を有する地形や地質、生態系、景観、絶滅のおそれのある動植物の生息・生息地などを含む地域	188件
・複合遺産	文化遺産と自然遺産の両方の価値を兼ね備えている遺産	29件

表7　世界遺産のカテゴリーと現在の登録件数

六、世界遺産の今

表7は世界遺産リストに登録されているカテゴリーごとの件数です。各カテゴリーの概説を添えてあります。二〇一二年の世界遺産委員会で新規に登録された世界遺産を含め総数は九六二件となっていて、このペースだと二年先には一〇〇〇件を超えるでしょう。内訳でみると、文化遺産が七四五件であるのに対し、自然遺産は一八八件にとどまっています。文化遺産が圧倒的に多いことがおわかりいただけます。複合遺産は二九件でもっと少ないのですが、こちらの方は「顕著な普遍的価値」を有する文化遺産と自然遺産が同じところで重なっているところはさすがにあちこちにないでしょうから、そもそも比較にならないと思っています。

世界遺産リストへの登録が始まった一九七八年当時、登録件数がこんなに多くなると予測していた人はまずいなかったということのようですが、毎年二五件ぐらいずつ増えてきた勘定になります。当然のことながら今日の件数はその結果ですが、ではこんな状況が一体いつまで続くのでしょうか。そんなに増えていいのか、肝心の「顕著な普遍的価値」の継承がおろそかになりはしないかといった懸念がある一方、まだ登録された世界遺産を一件も持たない国が全締約国の二割もあり、そういう国は登録を期待しているでしょう、多分。四七件の登録資産をもつイタリアは世界で一番多い国です。日本と同じ程度の国土に、これだけの登録世界遺産がある国です。イタリアに次いで多いのがスペインで、中国、フランス、ドイツが続きます。広いアメリカはどうでしょう、イタリアの半分くらいですね。日本は一六件でカナダと同数です。

表8をごらんください。荒っぽく文化圏で世界を五つに分けてみると、北アメリカを含むヨーロッパ圏が断トツです。多いですね。西洋文化圏に多くの世界遺産がある現状がみえます。アジアはヨーロッパに対して人口も多いし、面積も広いですが全体的に少ないですね。それからアラブやアフリカはもっと少ない数です。このような地域によって登録世界遺産の件数に大きな開きがある状況は、二〇年も前から問題視されてきました。世界全体で、掛け替えのない人類共通の貴重な遺産を残していこうというのが世界遺産条約の趣旨です

地域	文化遺産	自然遺産	複合遺産	合計	%	登録世界遺産を持つ国の数
アフリカ	47	35	4	86	9%	32
アラブ諸国	67	4	2	73	8%	17
アジア・太平洋	148	55	10	213	22%	32
ヨーロッパ・北アメリカ	393	59	10	462	48%	50
中南米・カリブ諸国	90	35	3	128	13%	26
合計	745	188	29	962	100%	157

表8　地域別にみた登録世界遺産件数と世界遺産を保有する国の数
（2013年7月時点）　出典：ユネスコ世界遺産センター

ヨーロッパの世界文化遺産　よく似た景観が多く登録されている

から、この状況の解消が課題となってきたのです。多いところには多く、地域の格差は歴然としています。アジア・太平洋の小さな島国にはほとんどありません。二〇一二年にパラオの複合遺産が登録されましたが、先進国のサポートが成果に繋がった例です。ユネスコも島嶼に特化したプログラムを用意してアンバランスの解消に力を入れているようです。

　もうひとつ、世界遺産にみる不均衡な現状をみてみます。例えば、モンサンミッシェルなど映像でしょっちゅう見受ける世界遺産はおくとして、ヨーロッパの登録世界遺産は、姿かたちがよく似ているようにみえます。これは自分の目でみた実感です。教会であったり、中世の歴史的な市街地であったりとか。現地で目にしている間はそうでなくとも、後から写真でみると、どれがどこだったか迷うほどです。少々乱暴なもの言いですが、唯一無二とまで言わなくても、こういう状況はや

（１）遺産登録数における地域的不均衡

・欧州諸国の遺産登録数が圧倒的に多く、アジア諸国やアフリカ諸国の遺産登録数が少ない。
・締約国のうち、３０件以上の登録遺産をもつ締約国（スペイン、イタリア）がある一方、登録数ゼロの締約国が全体の約２５％以上を占める。

（２）自然遺産と文化遺産の数的不均衡

・文化遺産と自然遺産の登録数に大きな差がある（文化遺産６１１件、自然遺産１５４件、複合遺産２３件）。
・文化遺産は欧州で急速に増加しているのに対し、自然遺産はアフリカ、アメリカ、オセアニアに偏っている。

（３）文化遺産の種別の不均衡

・教会建築、歴史地区、古代都市、旧市街、城塞などの同種のカテゴリーの遺産が数多く登録され、世界の多様な文化を反映した豊かな内容のリストになっていない。

表９　世界遺産リストの不均衡な現状

はりどうかなと思います。世界遺産が数あるヨーロッパの中でも、実は記念物や建造物が圧倒的に多い一方、他の類型の遺産は決して多くないわけで、ここにも不均衡が存在します。

以上の三つの不均衡を表9にまとめました。やがて一〇〇〇件に達しようとするなかで、こうした不均衡はまだ是正されていないのです。このままでは、加盟している全部の国が、自分たちの制度として親しみが持てるようにならないのではと、一九九四年にグローバルストラテジーとして取り組みを始めました。表10にみられるような三つの新しいカテゴリーが導入されました。

まず産業遺産です。つまりはルネッサンス以降の近代化の中で発明された印刷機とか蒸気機関車だとか、高標高地を走る鉄道とか、そういった産業に関わる遺産で、あのヨーロッパに多い石造の建造物からすると大分性格の違うものです。

それから二〇世紀の建物など、将来に向けて意味のあるもの。例えばブラジルの首都ブラジリアは何もないと

1 従来の一覧表には十分に反映されてこなかった分野における遺産の登録を推進すること

例 ① 産業遺産の導入
人類の科学技術の発展と産業活動の進展の成果を例証するもの
② 20世紀の建築
新しい時代の資産を代表するもの
③ 文化的景観
文化と自然の中間的存在／人類と地球との共生

2 遺産の普遍的価値を地域的な文脈の中で評価すべきこと

3 民族的な風習や信仰など無形の部分をも視野に入れた幅広い評価が求められること

4 文化と資産の双方の多様性を踏まえた評価の方策が求められること

表10 世界遺産一覧表における不均衡の是正および代表性、信頼性の確保のためのグローバル・ストラテジー（1994）

ころに新たに造った。オーストラリアのシドニーに建設されたオペラハウスにも顕著な普遍的価値を見いだそうとするものです。

それからもうひとつは文化的景観です。もともと人間が文化的な営みをする上で、自然は切り離せないわけで、自然があってその上で人間が生活をしている。ながらく土地の自然と関わった生活を通じて、その地に固有の景観を作りだしてきた歴史がどこにでもあるわけで、最近耳にすることが多くなった里山は文化的景観のよい例です。文化的景観も新しく一九九四年に取り組みが始まりました。

文化的景観の例を挙げるとすると、日本でいうと紀伊山地の霊場と参詣道と島根の石見銀山がそうです。鉱石を精錬するときの燃料は伐った木を炭に焼いて使うわけです。山から木がなくならないような伐る方が工夫され、それが里山と言われるような景観をつくり出すといった風にして文化的景観のひとつが形成されます。千年前、何百年前の建物がない

第一領域：「意匠された景観」
人間の設計意図の下に創造された景観で、庭園や公園など

登録例：シントラの文化的景観（ポルトガル、1995年登録）
アランフェスの文化的景観（スペイン、2001年登録）

第二領域：「有機的に進化する景観」
（ⅰ）継続する景観（農林水産業などの産業と関連する景観）
（ⅱ）遺跡の周囲に残る化石景観（遺跡などの記念物と一体となって重要な要素を成す景観）

登録例：（ⅰ）フィリピン・コルディレラの棚田（フィリピン、1995年登録）
サンテミリオン地域（フランス、1999年登録）
（ⅱ）チャンパサックの文化的景観にあるワット・プーと関連古代遺跡群（ラオス、1999年登録）

第三領域：「関連する景観」
信仰や宗教、文学、芸術活動などと直接関連する景観

登録例：トンガリロ国立公園（ニュージーランド、1994年登録　cf. 自然遺産90年）
紀伊山地の霊場と参詣道（日本、2004年登録）

表11 文化的景観の３つのカテゴリー（定義）

ところにも、人間が住んでいれば文化的景観はあるわけで、そういったものにも光を当てて世界遺産に登録しようという考え方が導入されたのです。

文化的景観のカテゴリーは表11にみるように三つに分けられています。庭園もそのひとつですし、里山や信仰に関連する文化的景観が区分されています。二〇〇〇年に登録された琉球王国のグスク及び関連遺産群を構成する斎場御嶽は、まさにこの信仰に関連する文化的景観としての価値が認定されたもので、私たちの身近なところにこのカテゴリーの資産をみることができます。

最後に、危機遺産と言われる世界遺産についてもちょっとみておきましょう。世界遺産に登録されている資産の中に三〇数件の危険にさらされているとされる世界遺産があります。このまま放っておくと、価値が喪失されることが明らかな世界遺産でそれ以上の衰亡を食い止める取り組みが行われています。この取り組みを行うには、まず危

条約第11条第4項に従って、委員会は、以下の要件にあてはまる場合は、資産を「危険にさらされている世界遺産一覧表」に登録することができる。

2012世界遺産委員会
38件（自然:18、文化20）

a)問題の資産が世界遺産一覧表に掲載されている資産であり、

b)重大かつ明確な危険にさらされており、

c)当該資産を保全するには大規模な作業が必要であり、

d)条約に基づく援助が当該資産に対し要請されてること。但し、委員会は、委員会の懸念を伝えるメッセージ（「危険にさらされている世界遺産一覧表」への登録そのものが発するメッセージを含めて）が最も効果的な支援となる場合もあると考えており、そのような支援を委員会メンバー又は事務局が要請することもできると考えている。

表12危機遺産に関するルール
(「世界遺産条約履行のための作業指針」第177段落)

機遺産リストに登録することになります。自力でやれる国はいいとして、そうでないところは、世界遺産基金を使って、保護を図っていくことになります。危機遺産は表12にみるような条件によって認定されることになっています。各国が拠出したお金、まあいわば浄財を使うわけだから、明日直ぐ使おうというのは困るわけです。で、ここに書かれているような、厳格な基準により運用することにしているのです。世界遺産委員会で決めるのであって、世界遺産センターの事務局が勝手に危機遺産にすることはありません。こういったことも作業指針には細かく書かれています。

どういったところに危機遺産があるかというと、赤道を挟んだ低緯度のいわゆる開発途上国に多いのです。そういうところは、自らが守る制度を持っていても十分な財源がないから機能しないといったことや、内戦が絶えないというようなこともあって、こういう結果になっているのでしょう。

　ほんとに例外的ですが、先進国の中でも、実は危機遺産に登録された例があります。あろうことか、ついには世界遺産登録を解除されてしまいました。ドイツの東南、チェコに近いドレスデンにあるエルベ峡谷がそれです。この町は太平洋戦争で壊滅的な打撃を受けて、その後復元された町です。その復元した町が世界遺産なのではなくて、その町中を流れるエルベ川とその両岸が世界遺産の登録資産でした。このドレスデンという町を戦後復興させた、その人間の営みというものを記念する世界遺産として、まあ二度とこんなことがないように、というような、そういう筋書きです。この川に橋が既に複数架かっているのに、対岸の新市街に住む人が増えてきて、こちらに来るのに不便だから、もう一本橋を架けたいとドレスデン市当局は譲らなかったのです。景観が壊れ世界遺産の価値を損ねるとの警告を無視して市が橋を架ける決定をしたので、二〇〇九年に世界遺産の第二例目の解除につながりました。四〇年の世界遺産の歴史で招来したこの登録解除例が今後もないとは言い切れないと思われます。

　世界遺産条約が採択されて四〇年が経ち、世界遺産リストに登録された世界中の資産は一〇〇〇件に及ぶまでに増えています。人類に共通する世界の宝ものを将来に伝えるための国際的な仕組みとして成功したかにみえるこの条約ですが、より信頼できる制度であるには現状での不均衡の解消が不可欠ですし、社会環境の大きな変化に対応する工夫の必要性も指摘されています。文化遺産と自然遺産を一体的に対象とするユニークな条約ですが、その目的の達成に向け関連する他の条約との連携も課題のひとつでしょう。これから先、条約の抜本的改正が避けられない時期がくるかも知れません。そうした懸念をもたらす諸問題についての紹介は別の機会に譲ることにして、今日はこれで終わります。

＊1　作業指針：Operational Guidelines for the Implementation of the World Heritage Conventionの二〇〇五年版の日本語訳。作業指針は世界遺産委員会での決議を受け定期的に改訂され、条約の円滑かつ適切な運用に供されている。作業指針の最新版は二〇一二年七月に改訂されている。

＊2　負の遺産：平和や人道主義の観点から人類の「負」の行為や、甚大な被害をもたらした自然災害を記憶にとどめ、まつわる記念物を遺産とみなすもので、「負」の回避に資す効果も期待できる。

＊3　地球サミット：一九九二年ブラジルのリオデジャネイロで開催され、「地球温暖化防止枠組み条約」、「生物多様性条約」、「アジェンダ21」など地球環境の保全に関する国際的枠組みが作られ、「持続可能な発展」の概念の普及・定着の契機となった国連環境開発会議の別称。

（沖縄先端学講座、二〇一二年一〇月一五日）

〈資料〉 世界遺産条約の前文（仮訳）

国際連合教育科学文化機関の総会は、一九七二年一〇月一七日から同年一一月二一日までパリにおいてその第一七回会期として会合し、

文化及び自然の遺産が、本来の衰退の原因によるのみならず、一層恐ろしい損傷又は破壊を伴って事態を悪化させる社会的及び経済的条件の変化によっても、ますます破壊の脅威にさらされていることに留意し、

文化及び自然の遺産のいずれの物件の損壊又は滅失も、世界のすべての国民の遺産の憂うべき貧困化をもたらすことを考慮し、

この遺産の国内的保護が、多額の資金を必要とされること並びに保護の対象である物件が存在する国の経済的、科学的及び技術的な能力が十分でないため不完全なものになりがちであることを考慮し、

国際連合教育科学文化機関憲章が、同機関が世界の遺産の保存及び保護を確保し、かつ、関係諸国民に対して必要な国際条約を勧告することにより、知識を維持し、増進し及び普及する旨を規定していることを想起し、

文化財及び自然財に関する現存の国際条約並びに国際的な勧告及び決議が、いずれの国民に属するものであってもこの無類のかけがえのない物件を保護することが世界のすべての国民のために重要であることを明らかにしていることを考慮し、

文化及び自然の遺産には、特別の価値を有しており、したがって、全人類のための世界の遺産の一部

として保存しなければならないものがあることを考慮し、
このような顕著な普遍的価値を有する文化及び自然の遺産を脅かす新たな危険の大きさと重大さにかんがみ、当該国がとる措置の代りとはならないが有効な補足的手段となる共同援助を与えることによってこの遺産の保護に参加することが、国際社会全体に課された義務であることを考慮し、
このため、恒久的な基礎の上に、かつ、現代の科学的方法に従って顕著な普遍的価値を有する文化及び自然の遺産を共同で保護するための効果的な体制を確立する新たな措置を、条約の形式で採択することが肝要であることを考慮し、
第一六回会期においてこの問題を国際条約の対象とすべきことを決定したので、
一九七二年一一月一六日にこの条約を採択する。
（出典：文部科学省ホームページ　http://www.mext.go.jp/unesco/009/003.htm）

〈資料〉世界文化遺産及び自然遺産としての顕著な普遍的価値の評価基準

（i）人間の創造的才能を表す傑作である。
（ii）建築、科学技術、記念碑、都市計画、景観設計の発展に重要な影響を与えた、ある期間にわたる価値感の交流又はある文化圏内での価値観の交流を示すものである。
（iii）現存するか消滅しているかにかかわらず、ある文化的伝統又は文明の存在を伝承する物証として

無二の存在（少なくとも希有な存在）である。

（ⅳ）歴史上の重要な段階を物語る建築物、その集合体、科学技術の集合体、あるいは景観を代表する顕著な見本である。

（ⅴ）あるひとつの文化（または複数の文化）を特徴づけるような伝統的居住形態若しくは陸上・海上の土地利用形態を代表する顕著な見本である。又は、人類と環境とのふれあいを代表する顕著な見本である（特に不可逆的な変化によりその存続が危ぶまれているもの）。

（ⅵ）顕著な普遍的価値を有する出来事（行事）、生きた伝統、思想、信仰、芸術的作品、あるいは文学的作品と直接または実質的関連がある（この基準は他の基準とあわせて用いられることが望ましい）。

（ⅶ）最上級の自然現象、又は、類まれな自然美・美的価値を有する地域を包含する。

（ⅷ）生命進化の記録や、地形形成における重要な進行中の地質学的過程、あるいは重要な地形学的又は自然地理学的特徴といった、地球の歴史の主要な段階を代表する顕著な見本である。

（ⅸ）陸上・淡水域・沿岸・海洋の生態系や動植物群集の進化、発展において、重要な進行中の生態学的過程又は生物学的過程を代表する顕著な見本である。

（ⅹ）学術上又は保全上顕著な普遍的価値を有する絶滅のおそれのある種の生息地など、生物多様性の生息域内保全にとって最も重要な自然の生息地を包含する。


（出典：文部科学省ホームページ　http://www.mext.go.jp/unesco/009/003.htm）

第2章
琉球王国の世界遺産

世界遺産を詠う

中城城跡

高良　勉

城壁が曲線を描いている
あたたかい
珊瑚質石灰岩を
割り　切り　削り
　なかぐすく　ぐすく（城）
ななかくい（七囲い）　囲てぃ
誰が　何故
曲線に積んでいったのか
グスク内の御嶽の前で

ガジマルやクロツグの
御神木へ向かい
老婆がひたすら　祈っている
　石また石を積み　祖先たちよ
ほんとは　誰も
解らない

古琉球人が
城壁の上から
海を見つめている
　おう（青）の文化遺伝子
黒く大きな瞳の中で
白い波の花が崩れている

ああ　偉大なるかな
リフレーン
　石また石を積み
さわやかな海風が
ビン髪のほつれを
なでている

今帰仁城跡

高良　勉

雪の降らない島で
干からびていく私の眼底に
亀裂が走っていく
青と赤の風景
沖のリーフ（干瀬）も
裂けている
波の花の白い断絶
進貢船は帆を上げたまま
沖で風を待ち
ラグーン（礁湖）に展がる
伝馬船のまぼろし
北山王国
古城の庭には
熟れた九年母の黄色い実が
静かに落ちている

七百年余の昔から
　今帰仁ぬ　くにぶ
　霜実りぬ　くにぶ　（九年母）
川の音が
数万年も流れ続ける
グスク内の御嶽
火の神　水の神
巡礼して祈り続ける
何歳ごろから参加したのだろう
七年に一度の一門の巡礼
今帰仁上りよ
志慶真川の
水の音だけが
断崖に積まれた
珊瑚石灰岩の
城壁に迫り
アンモナイトの化石が
キラリと光っている

斎場御嶽の風

高良　勉

斎場御嶽は
いつも晴れだ
どんなに那覇市が大雨でも
私が行けば
晴れている

大阪の出版社の社長と
賭をしたことがある
那覇市はどしゃ降りの雨だったが
斎場御嶽へ着いたときは
晴れていて　私は勝った

斎場御嶽に
うらうらと　風が吹く
潮騒の音と

レとラ音に満ちた
青い風が吹いている

光は久高島から　湧いてくる
朝な夕な　遙拝し
四年毎の「東御廻り」で参拝してきた
久高島から　チョーヌハナ（京の花）へ
もどろ　もどろ　のセジ（霊力）が
降りてくる

サングーイ（三庫裡）は子宮
大三角形　大岩の産道
聞得大君ぎゃ　うすでぃ（御孵で）所
ああ　白装束の　洗い髪の
神神　君君が　謡い踊り
駆け出して来る　まぼろし

ウフグーイ（大庫裡）に
さやさやと　風吹けば
ユインチ（寄満）に　セジは集まり

シマ島　クニ邦　の
豊年のユー（世）が
押し寄せて来る
エケ　エーファイ　エケ

琉球王国の世界遺産

當眞　嗣一

御嶽等

二〇〇〇年十一月二十七日から十二月二日の期間に、オーストラリアのケアンズで開催された第二十四回世界遺産委員会で、琉球王国の文化遺産が「琉球王国のグスク及び関連遺産群」として日本で十一件目の世界遺産として登録されました。

一九七二年にユネスコが世界遺産条約をつくりました。正式には「世界の文化遺産及び自然遺産の保護に関する条約」と言っています。この条約は、これまで対立するものと考えられてきた文化遺産及び自然遺産を人類全体の宝物として損傷や破壊等の脅威から保護し、各地域において調査、保全することの大切さを誓い、国際的な協力のもとに保護し、次世代に伝えていくことを定めたものです。

二〇〇八年七月現在世界遺産として登録された件数は八七八件（文化遺産六七九件、自然遺産一七四件、複合遺産二五件）にのぼります（二〇一二年現在、登録件数九六二件、うち文化遺産七四五件、自然遺産一八八件、複合遺産二九件）。

沖縄県は去る大戦で地上戦を体験しました。そのため、数多くの文化遺産を失うことになりました。戦前の沖縄県には、首里城跡を中心として二三件もの国宝が存在していました。戦争は人の生命だけでなく県民の財産、あるいは先祖から受け継いできた貴重な文化遺産の多くを奪ってしまったわけです。今に残されている沖縄県の文化遺産は、どれも戦争の惨禍をくぐり抜けてきたものばかりです。

二十世紀は戦争の世紀と言われています。ユネスコが世界遺産条約をつくり、人類の宝、世界の宝として文化遺産の保護を始めました。このことは二千年紀の終わりに人類が行った英知の事業として評価されるべきでありましょう。また、戦争の惨禍をくぐり抜けてきた琉球王国の文化遺産が二十世紀最後の二〇〇〇年十二月、世界遺産委員会の厳正な審議を経て世界遺産として登録されたことは意義深いことだと思います。


世界遺産登録までの経緯について話をします。一九九二年六月に国会で日本が世界遺産条約を批准したことに始まります。そのときに政府が作成した暫定リスト（正式な申請の前にあらかじめ推薦候補の物件を記載したリスト）をユネスコ世界遺産委員会に提出していました。

一九九四年度から具体的に世界遺産登録推進のための作業が行われ関係資料の収集整理、基本地形図の製作等が実施されました。一九九七年から一九九八年にかけては、関係市町村で緩衝地帯設定のための条例の一部改正、新たな条例の制定などに取り組むようになりました。一九九八年度に推薦書の素案が作成され県から文化庁へ提出されました。

素案作成にあたっては、沖縄県において考古学、歴史学、民俗学、文学、土木工学の各分野の専門家で構成する世界遺産推進検討委員会が設置され推薦資産箇所の選定、推薦資産の説明内容などの検討が行われました。その後、国内でのいろいろな調整会議を経て「琉球王国のグスク及び関連遺産群」の世界遺産リスト記載推薦書は一九九九年六月末日に文化庁から外務省を通じてパリのユネスコ世界遺産センターへ提出され、その後イコモス（国際記念物遺跡会議）事務局へと送付された後に具体的な評価に付されることになりました。世界遺産リストに記載するか否かについては提出された記載推薦書に基づいて厳しい審査が行われました。

第一関門は、世界遺産委員会の諮問機関による現地調査と評価です。文化遺産の場合には、イコモスの定例執行委員会において評価結果が決定されることになっていますが、実際にイコモス事務局は、二〇〇〇年一月二十七日から一月三十一日にかけて中国イコモス秘書長郭旃氏を評価のため現地沖縄に派遣しました。派遣された氏は、五日間の日程で筆者の案内で九つの遺産群を調査しましたが、審査は非常に厳しかったというのが私の実感です。

例えば、文化財保存修理の方法および修理に使用した材料や材質そして技術、資産群周辺の環境、将来の保存管理の計画、さらには資産群の利活用等々多岐にわたり、細かく質問し審査しました。質問に対して答えるたびに丹念にメモをとっていた氏の姿が印象深く思い出されます。

第二の関門は、諮問機関に基づいて行われるユネスコ世界遺産ビューロー国会議での二回にわたる審議です。この会議では推薦資産の実質的な事前評価が審議されます。そしてこの会議の決定によってはその年の本委員会での審議が見送られたり、リストへの記載の可能性が永久になくなったりするという場合もあります。最後に、毎年十一月から十二月に開催される本委員会において、ビューロー国会議の勧告を受けてなされる最終審議であります。

以上三つの関門を経て、資産は晴れて世界遺産リストに記載されることとなりました。日本を代表してイコモスの審査に携わった東京大学の西村幸夫教授は、会議での審議の状況について「今回の琉球王国のグスク及び関連資産群に関しては、それほど厳しい意見は聞かれなかったが、九件の多様な遺跡群が琉球王国の資産を過不足なく代表しているのか、琉球王国の文化自体を東アジアの中でどう位置づけるのか、名称としてつけられているグスクという名称は適切か、などの点について議論された。また、聖なる場所としてウタキが含まれている点に関しては、新しい分野の世界遺産の考え方に沿ったものとして評価する意見が多かった。現在の世界遺産に関する作業指針では、こうした聖なる場所や聖なる山を適切に評価するための概念や評価軸が存在しない。斎場御嶽が琉球王国の文化遺産の一つとして世界遺産の中に加えられたことは、世界遺産の新しいカテゴリーを形成する議論に一石を投じることになるだろう」と述べています。

世界遺産に登録されるためには、世界遺産委員会「世界遺産条約履行のための作業指針」の六つある基準のうち、一つでも満たすことが必要とされます。「琉球王国のグスク及び関連遺産群」の場合には、二〇〇〇年三月末にはパリのイコモス本部で開催された世界遺産審査会において登録基準C（ii）（iii）（vi）の適用をもとに、世界遺産登録リストへの登録を勧告することが決定されました。まず基準C(ii)の基準については次のように表現されています。「数世紀もの間、琉球諸島は東南アジア、中国、韓国、そして、日本との経済的、文化的交流の中心地として貢献してきた。このことは、今に残された記念工作物群によって明瞭に示されている」と。それからC(iii)の基準では「琉球王国の文化は、特別の政治的、経済的環境下において進化し、発展を遂げた。このことは、その文化に、比類のない特質をもたらした」。つぎにC(vi)の基準については、琉球の御嶽、つまり聖域についてであるが、そのことについては、次のように述べています。すなわち「琉球の聖域は、確立された世界の宗教とともに、近代においてもなお損なわれずに残っている自然と祖先崇拝の固有の形態を表す例外的な事例を構成している」。以上のことを要約して述べるとおおむね次のようになります。一つには日本、中国および東南アジア諸国との交流の過程で独自の発展を遂げた琉球地方の特異性を示す考古学的な遺跡群であるということ。二つには琉球の政治的統合の過程を表す貴重な記念物および考古学的遺跡の事例であるということ。三つには琉球地方独特の自然観に基づく信仰形態の特質を表す顕著な事例であるということの三点であります。

なお、残念なことにイコモスの評価結果では、日本が推薦の際に適用すべき登録基準として提案していたC(ⅳ)は認められませんでした。つまり、イコモスは建造物や景観など遺産の建築的、技術的側面の調和のとれた総体としての価値については該当しないと判断したわけであります。

次にイコモスの評価の特徴について話をします。評価の第一の特徴は、「文化がもつ地域的固有性への配慮」があったことです。この点は、登録基準のC(ⅱ)に関連して記述されていることですが、「琉球王国のグスク及び関連遺産群」を日本や中国、朝鮮半島、東南アジアの国々との間で繰り返された経済、文化の交流の結果を示す物証として評価していることです。

第二の特徴は、「記念工作物以外の資産への配慮」つまりは基準C(ⅵ)へのこだわりであります。玉陵や園比屋武御嶽石門及び斎場御嶽にあらわれている自然・祖先崇拝的な性格が大きく評価されました。イコモスの評価書では、「古くから宗教上の慣習が長期にわたって生きつづけ、仏教やキリスト教のような世界の主な宗教の繁栄にも大きく影響されなかったという点で意義深い」と記述されています。「このことは約一五〇年にもわたる外国からの政治的、経済的な圧力にもかかわらず、琉球の文化的アイデンティティを強める最も重要なファクターのひとつであり続けた」と指摘し、基準C(ⅵ)の適用を勧告しています。イコモス事務局から派遣された郭旃氏は、そのことに関して「独自の信仰が他の宗教と共存しながら現代まで息づくなど、沖縄には固有の文化が残っている。アジアのこうした文化を国際社会が知ることについては非常に意義深いことだ」と語っています。

第三の特徴は、「考古学的遺跡として評価」されたことであります。イコモスは「琉球王国のグスク及び関連遺産群」を考古学的遺跡の濃い遺産群とみなしており、評価書にはグスクが「廃墟と化した城」という形で表現され、各グスクの解説には考古学的な発掘調査の成果が繰り返し言及されています。

第四の特徴は、「遺跡の修理・復元に対する理解」であります。琉球王国の文化遺産の多くは、第二次世界大戦の戦禍によって破壊されたという経緯をたどりながらも、その修復作業においては、詳細な史料考証と考古学的発掘調査の成果及び聞き取り調査などのクロスチェックをもとに、さらにその道の専門家を加えた整備指導委員会の会議等を経て実施されており、イコモスの審査ではそのことが評価され、評価書では考古学的遺跡の修理や修復について遺跡の真実性は確実に保持されているとしています。

つぎに各遺産群のうちで琉球王国の精神世界を現す各遺産群の内容について外観しましょう。

玉陵

玉陵は琉球王国時代のメインストリートにあたる綾門大道に面してつくられています。琉球王朝第二尚氏歴代の陵墓で、第二尚氏第三代目の尚真王（在位一四七七〜一五二六）によって、十六世紀のはじめに造営されました。琉球では古くから祖先崇拝信仰の一表現形態である同族祖神の墓を尊崇する気持ちが強く、尚真王は中央集権的王権を精神面から支えていくためにこの玉陵を創建したと推測されます。

陵墓は内外二つの郭から構成され、おのおのの郭は琉球石灰岩の相方積みによる高い石垣によって画され北面して立地します。北面する入口開口部は拱（アーチ）式の石門となり、そこをくぐると外郭の庭となります。この庭には枝珊瑚片を敷き詰め、向かって左側には王位継承問題と関係する玉陵の碑が建っています。内郭に入る門も拱（アーチ）式の石門であるが、この門の上には寄棟様式の石造屋根をのせています。内郭の庭には珊瑚砂利が敷き詰められ、正面には自然の崖壁を利用して壁面に琉球石灰岩の比較的大きな切石を用いて精巧に積まれた墓室があります。

その墓室は三つに分かれています。墓室前面には石造の勾欄を設け、羽目石にはこうもり、龍、鳳凰、花鳥の絵柄が陽刻されています。墓室の屋根は石造ですが、切妻屋根形となり、軒は木造垂木に似せ、屋根は磚瓦で葺いています。石造りの棟には三つ巴紋や牡丹、唐草、宝珠を彫りこんでいます。左右の両袖塔上には陵墓を守護する形で石彫りの獅子像を設置しています。連続した三つの墓室は中室には洗骨前の遺骸、東室には洗骨後の王と王妃を、西室はその他の王族を納骨するなどそれぞれ墓室の性格が定まっています。

玉陵の構成や意匠にみられる特徴は、魔除けや清めなどといった琉球固有の信仰を色濃く遺し、十六世紀初頭の琉球において確立された、独自の石造記念建造物のデザインを示す貴重な事例になっています。

園比屋武御嶽石門

尚真王（在位一四七七～一五二六）によって、一五一九年に創建された石造りの門です。木製の門扉以外は木造建造物を模した石造建造物です。素材は、本体と屋根が琉球石灰岩、棟石や火焔宝珠が沖縄でいうニービヌフニ、つまり細粒砂岩で造られています。王国時代には国家の祭祀場であり、精神的な拠り所として重視されました。国家安泰の祈願や祭礼時の祈願だけでなく、国王巡幸の際の道中の安全祈願の他、王国最高位の神女聞得大君の道中の安全祈願等を行った場所でもありました。今日では門自体が拝所となっており、多くの人々が参拝に訪れています。玉陵とともに「条約」第一条に定める「記念工作物」に該当します。

斎場御嶽

尚真王は、琉球地方に古くから伝わる祖先崇拝や自然崇拝など固有の信仰に根ざす神女たちを再編成して国王の近親女性が就任する聞得大君を最高位とする神女制度を整備しました。斎場御嶽は聞得大君との関係が深く、中央集権国家における王権を信仰面、精神面から支える国家的な祭祀の場でありました。

沖縄本島南部の知念半島突端の琉球石灰岩が屹立する山の中にあり、亜熱帯林で覆われ、様々な巨石奇岩の景観が格式の高い御嶽の神々しい雰囲気を醸し出しています。御嶽内には大庫理、寄満、三庫理及びチョウノハナと呼ばれる拝所があり、とくに大庫理、寄満、三庫理は石畳の参道で結ばれています。王国時代には、聞得大君の「御新下り」の儀式も行われるなど沖

玉　陵

園比屋武御嶽石門

斎場御嶽（三庫理）

識名園

縄随一の霊場として知られています。古くは男子禁制の聖域であったが、現在では各門中の人々が隊をなして祖先の足跡を訪ねて巡礼する「東御廻り」のコースの一つとなり、老若男女を問わず多くの人々が参拝に訪れています。

斎場御嶽は琉球地方に確立された独自の自然観に基づく信仰形態を表し、『条約履行のための作業指針』第三九項（iii）（一九九九年作業指針）に示す「関連する文化的景観」に該当する顕著な事例になっています。

識名園

一七九九年に王家別邸の庭園として造営され、中国皇帝の使者である冊封使を接待する場所として使用されました。

池を中心とする回遊式庭園で、瓦葺の御殿、築山、花園を配置し、池には二つの小島があります。一つの小島には琉球石灰岩の切石を用いた石造アーチ橋と琉球石灰岩を自然風に用いて造営された石造アーチ橋が架かっており、他の小島には六角堂が建てられています。また、池の北岸西部には、池の水源となる育徳泉があってその周囲は琉球石灰岩の石垣がめぐっています。石垣の上には冊封使として来琉した趙文楷と林鴻年の筆になる二基の石碑が建っています。

沖縄戦で大きな被害を受けたが、一九七五年から一九九六年まで精度の高い綿密な保存修理事業を経て見事に蘇ることになりました。識名園は、日本庭園文化において琉球地方で確立した独自の庭園デザインを示す貴重な事例で『条約履行のための作業指針』第三九項（i）（一九九九年作業指針)に示す「設計された文化的景観」に該当します。

グスク

琉球の歴史は本土と違う独自の歩みをしてきています。

近年の人類学の研究成果によると、一万八〇〇〇年前の港川人をはじめとして三万二〇〇〇年前の山下洞人(那覇市)、二万六〇〇〇年前のピンザアブ洞人(宮古島)や下地原洞人(久米島)等の旧石器時代に属する化石人骨が発見されています。

つぎに新石器文化ですが、この時代に属する沖縄の古い土器文化は縄文文化圏の範疇としてとらえられています。しかしこの琉球の縄文文化も実は沖縄本島止まりで、三〇〇キロメートル以上も離れた宮古島以南にはのびていません。

沖縄で発見された主な化石人骨

名称	推定年代	化石骨の所見	発掘年・場所
山下町第1洞人	3万2000年前	幼児の大腿骨・頸骨など	1968年那覇市
ゴヘズ洞人	2万年前	頸の骨・頭蓋骨の破片	1976年伊江村
下地原洞人	1万6000年前	乳幼児の全身骨	1982年久米島町
大山洞人	1万8000年前	成人の下顎骨	1964年宜野湾市
港川人	1万8000年前	ほぼ完全な全身人骨を含む	1970~71年八重瀬町
ピンザアブ洞人	2万6000年前	頭蓋骨の破片・歯など	1979年宮古島市

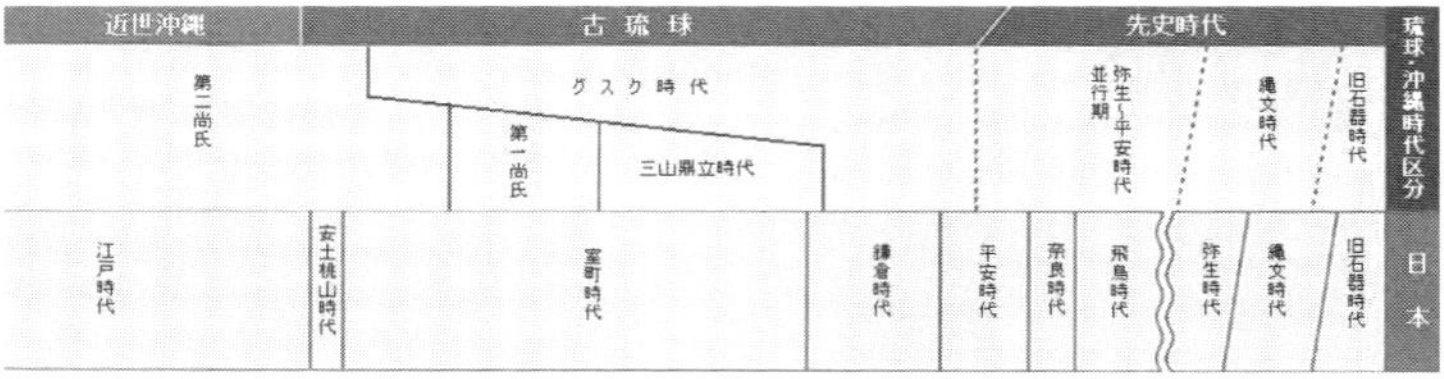

沖縄の土器文化については、九州からの伝播・遮断を繰り返しながらゆっくりしたテンポで歩みはじめました。これまで発見された沖縄最古の土器は、六千数百年前の爪形文土器だといわれています。その後縄文後期頃になると南島独自の土器文化が発展していくことになります。

つぎに弥生時代ですが、この時代は、「貝の道」と称される海上の道を通って九州本土との交流があったようですが、稲作をはじめとして弥生文化が定着していたとする証拠は未だ見つかっていません。弥生時代に続く時代、つまり日本の歴史でいえば古墳時代・奈良時代・平安時代にかけての状況については今のところよくわかっていません。

鎌倉幕府が滅びて足利尊氏が権力を一身に集めていた十四世紀の半ば、琉球では「按司」と呼ぶ在地の領主層が各地にグスクを築いて争うグスク時代を迎えていました。グスクが造営された時期は、農業と東アジア諸国との貿易で得た富を基盤に按司が出現し、互いに貿易の利権や支配領域の拡大をめぐって争った国家胎動期でもありました。こうした時代を背景にして出現したのがグスクです。

十四〜十五世紀の琉球は、海外との交易を通じてもっとも繁栄をきわめた時代でありました。この時代は、今帰仁城を居城とする北山、最初は浦添城ついで首里城を居城とした中山、島尻大里城を居城とした南山の三大政治勢力にまとめられていました。琉球史ではこの時代を三山鼎立時代といっています。南山の領域であった南部東海岸の佐敷からおこった尚巴志が、中山の武寧を討って中山王となり、そして一四一六年に北山王を攻略し、さらに一四二九年に南山王を滅ぼして三山の統一を成し遂げました。首里城を王の居城とする琉球王国の誕生であります。

琉球王国は、一四二九年〜一八七九年まで存続するが、その間、一四六九年に政変がおきて第一尚氏王統から第二尚氏王統へと政権が移行しました。その後、一六〇九年には島津氏の侵攻を受け、その支配下におかれましたが王国の形態はそのまま残りました。一八六八年の明治維新後、明治政府は一八七二年に王国を廃して琉球藩とし、さらに一八七九年の廃藩置県によって沖縄県に改められました。

このように、「琉球王国のグスク及び関連遺産群」は、東西約一〇〇〇キロメートル、南北約四〇〇キロメートルにおよぶ地域でくり広げられた歴史的ドラマを背景に誕生した文化遺産群であります。

十四世紀・十五世紀の沖縄は琉球王国が成立するにあたっての激動の時代でありました。当時の琉球は南海に離れた島嶼という地理的特性を生かし、日本をはじめとして中国大陸や朝鮮半島、東アジア諸国と独自な貿易圏を足がかりに政治的、経済的、文化的な交流を行っていました。

今帰仁城《なきじん》
北山
沖縄島
座喜味城《ざきみ》
中山
首里城《しゅり》
勝連城《かつれん》
中城城《なかぐすく》
南山城
南山

世界遺産は、この独立王国として独自の発展を遂げてきた琉球地方独特の文化遺産が対象になっています。その内容は、今帰仁城跡、座喜味城跡、中城城跡、勝連城跡、首里城跡の五つのグスクと玉陵、園比屋武御嶽石門、斎場御嶽、識名園など関連する資産を加え合計九ヵ所の資産で構成されています。資産を構成する個々の遺跡や記念工作物及び文化的景観は、琉球王国時代の土木、建築、造園の各技術が独自に高度な文化的・芸術的水準を保っていたことを例証する極めて重要な事例になっています。そしてそれは琉球王国が王国として統一した十四世紀の後半から十八世紀にかけて生み出された、琉球地方独自の特徴をあらわす文化遺産群であります。

ここでは各資産群のうち琉球王国のグスクについて概観しましょう。

今帰仁城跡

三山鼎立時代における北部領域を支配した北山王の居城です。沖縄本島北部の本部半島北東部標高九〇〜一〇〇メートルの古生期石灰岩の上に営まれており、規模の大きさ、石垣遺構の保存度の良いことなど沖縄屈指の名城たる風格のある城跡といえます。城の縄張りは複雑で、山の最高部に中心となる主郭をおき、西に大手、南に搦手をおいています。西側の大手から東側に向かってしだいに高くなり、二の曲輪に北殿跡、その左右に大庭《うみやあ》・御内原《おうちばる》、そして最高所の主郭に達します。主郭の東側に展開する一段低くなった曲輪を志慶真門の曲輪といい、そこに搦手の志慶真門を開けています。城壁の石垣は、古生期石灰岩の岩塊を手ごろな大きさに割

今帰仁城跡

り、それを平積みにして三～八メートルの高さで積み上げ、その総延長は一・五キロメートルにも達します。城壁の上部の厚さは二～三メートル、さらにその上に厚さ六〇センチ、高さ九〇センチの胸壁を設けるなどして防御や攻撃に備えています。また、城壁は矢の撃てない死角をなくすため曲面をなすなど戦いの工夫がすごいグスクになっています。

　今帰仁城の変遷は大方第Ⅰ期から第Ⅳ期に分けてたどれることが判明しました。第Ⅰ期は十三世紀の末から十四世紀初頭にかけてで、城が創建される時期です。この時期の今帰仁城にはまだ石垣が築かれてなく、木の柵をもって城柵としており、城の規模もそう大きいものではなかったようです。

　第Ⅱ期は今帰仁城を代表する石垣がはじめて築かれる時期で十四世紀の前半の頃で

す。この時期には、南北一〇・三メートル、東西一三・八メートル、高さおよそ九〇センチの石積みの基壇の上に梁間四間、桁行五間の南向きの建物が建てられていたようです。

第Ⅲ期は、十四世紀中頃から十五世紀初頭の頃で、中国の文献に出てくる伯尼芝、珉、攀安知等の王が活躍した時期にあたります。中国の『明実録』には伯尼芝が六回、珉が一回、攀安知が十一回ほど中国に使者を遣わして進貢し、貿易をおこなっていたことが記録されています。城内からは大量の貿易陶磁器が発掘され活発な海外貿易をしのばせます。この時期に今帰仁城が最も栄えた時代だったと考えられています。

十四世紀の中頃からはじまったこの第Ⅲ期も、攀安知王が中山の尚巴志に滅ぼされることによって終わり、以後今帰仁城の歴史も第Ⅳ期をむかえます。

第Ⅳ期は、攀安知滅亡後監守時代に入り、一六六五年の最後の監守が首里へ引き揚げるまでの時期になります。監守が引き揚げて以後グスク内には火神の祠が建立されるなど地域の人々の精神的な拠り所となりました。城内にはその他にも琉球開闢神話と関係の深い城の守護神を祀った御嶽などがあり現在でも多くの参詣者があとを絶ちません。

座喜味城跡

沖縄本島中部西海岸側の北部と中部が接する境界に位置し、標高一二五メートル前後の赤土台地の上に営まれています。国王の居城である首里城と緊密な連携を図るという国防上の必要性から築かれたといわれ、北に沖縄本島北部や本部半島の山並みが望まれ、西に東シナ海、南には琉球王国の王都として栄えた首里や浦添をはじめ中部の地方をそれぞれ見渡すことができる眺望絶佳の地にあります。

この城は、築城家として知られる護佐丸によって十五世紀前半に築かれたといわれていますが、護佐丸は当初、座喜味城の北東約五キロメートルにある山田グスクに城を構え中山側の北山に対する防衛ラインの任を負わされていましたが、一四一六年北山が滅んだ後、その必要もなくなり広大な領地と良港を控えた座喜味城へ移ったといわれています。

その後城主の護佐丸は、沖縄本島東部の勝連半島で勢力を誇っていた阿麻和利の台頭に備えるためやがて中山王から移封を命ぜられ中城城に移ったとされます。

城は比高差一〇~一二メートルを測る上下二つの曲輪で構成され、上を主郭、下を二の曲輪と呼びそれぞれの曲輪には石造拱門が取りつき

座喜味城跡

連結されています。

石垣の高さは、最も高い所で六～八メートル、低いところでも三メートルあります。城門はとくにアーチ形式で、沖縄的手法が用いられた最初の石造拱門と推定されています。

中城城跡

沖縄本島中部中城湾の海岸線に沿った標高一五〇～一六〇メートルの石灰岩丘陵上にあり、東北から西南に連郭式に築かれた総石垣の城です。一八五三年、日本本土へ向かう途中に来流した米国のペリー提督の一行もこの城の美しさと築城技術を高く評価して、城内の状況を描いた絵や測量図面を残しました。

この城は、築城家として知られる護佐丸が勝連半島に拠っていた阿麻和利に対する備えとして、先の座喜味城から移封されて創建した城だといわれていますが、当時の琉球は、沖縄本島

中城城跡

勝連城跡

南部の佐敷から興った第一尚氏によって国家統一が行われていく過程にあり、その最終段階でこの城が果たした役割は大きいものがありました。
城壁は琉球石灰岩を用い、一部に野面積みもあるが、大部分は切石積みになっており、とくに虎口に石造拱門を取り入れたり、首里城に向かう大手の石垣には鉄砲狭間を設けたりするなど戦いの工夫がすごく、最も発達したグスクになっています。

勝連城跡

沖縄本島中部の東海岸に突出した与勝半島の付け根に近い独立丘的な台地とそれに近接する石灰岩台地の先端部を取り込み、周辺を石灰岩の石積みをめぐらして築かれた総石垣のグスクです。この城は、琉球王国の王権が安定していく過程で、国王に最後まで抵抗した有力按司阿麻和利が最後に拠ったグスクとして知られています。伝承によると城主は初め勝連按司であったのがやがて浜川按司、茂知附《もちづき》按司にとって変わり、その後阿麻和利が城主になったといわれています。阿麻和利は宿敵中城城主護佐丸を計略でもって滅ぼしたが、その直後、一四五八年中山王と争って敗退し、廃城になったといわれています。ときあたかもこの時期の琉球は王権が確立していく時期に当たり、最後まで王権を争った護佐丸と阿麻和利が滅びることによって中山王の地歩はますます強固なものになっていきました。

城郭は、東南から北西にかけて東の曲輪を配し、この東の曲輪と三の曲輪の間には谷間のような窪地を挟みそこに四の曲輪を設けてあります。

主郭からの眺望はよく、北は遙かかなたに金武湾に浮かぶ島々を望み、南は中城湾を隔てて南西に中城城と相対峙する実に気宇壮大な城です。

首里城跡

グスクが立地する首里の町は、標高一〇〇メートルほどの隆起石灰岩を基盤とし周辺全体が石灰岩丘陵や川、深い谷などの自然の障壁によって囲まれており、王都にふさわしい地形立地を呈しています。首里城は、その南の縁の標高一五〇メートルを測る一番高いところに営まれており、北には首里遷都以前の都城であった浦添城、南西の足下には王国時代海外貿易で賑わいを見せた那覇港や泊港を望む位置にあります。この城は、一四二九年に琉球王国が成立した後は一八七九年に明治政府に明け渡されるまで、王国の政治・経済・文化の中心的役割を果たしました。現在では、琉球文化を象徴するものとして正殿などの建造物が復元され沖縄観光の

復元された正殿（首里城跡）

目玉になっています。

城の創建年代は不明ですが、首里城のことについて文献の上ではっきりしてくるのは十五世紀の前半からです。沖縄最古の金石文である「安国山樹華木之記碑」（一四二七年建立）によると、首里城周辺に池を掘り山を築いて華木を植えたと記されています。

したがって尚巴志王（在位一四二二～一四三九）代には王城として確立していたものと考えられます。その後第二尚氏の尚真王、尚清王（在位一五二七～一五五五）の代になって王城東南の石垣が二重にされ、そこに門を設けるなど拡張や整備がなされて、今日見る首里城ができあがったといわれています。

以上五つの城跡は、「条約」第一条に定める「遺跡」に該当します。


（第四五〇回沖縄大学土曜教養講座、二〇〇九年九月十九日）

山麓の巡礼路――「東御廻り」と「今帰仁上り」

盛本　勲

はじめに

沖縄には琉球民族の祖先とされる「アマミキヨ族」[*1]が渡来して住み着いたと伝承される沖縄本島南東部の与那原町と南城市内の旧知念村、同佐敷町、同玉城村等の御嶽（拝所）や拝井泉等の聖地を巡拝する「東御廻り《あがりうまーい》」または「東廻り《あがりまーい》」と、本島北部の今帰仁村の今帰仁城跡内の御嶽や近隣に所在するアマミキヨ伝説に関わるとされる聖地や旧跡等を巡拝する「今帰仁上《なきじんぬぶ》り《い》」または「今帰仁廻り」「今帰仁拝《うが》み」の巡拝行事がある。

両巡拝とも、かつては徒歩や駕籠、馬による巡拝であったため、「東御廻り」は二泊三日、「今帰仁上り」は数日間を要し、着替えや神々に供える供物を携えて行われていた。近年は門中単位で大型バス等をチャーターし、親睦を兼ねたピクニック、さらには史跡や歴史の学習等をも兼ねて行っていることが少なくない。

これらの巡拝行事は、文献史料等[*2]から確実に琉球王国時代まで辿れることに異論はないが、あるいはそれ以前に遡れるかも知れない。

両巡拝行事には、二〇〇〇（平成十二）年に世界文化遺産に登録された「琉球王国のグスク及び関連遺産群」の構成資産である園比屋武御嶽石門、斎場御嶽、今帰仁城跡が含まれている。この世界文化遺産を核とし、巡拝路に所在する拝所、井泉等を繋ぐ相互の連携、これらにかかわる市民意識・自治体・管理団体等の一層の連携・協働、すなわち遺跡コンソーシアム（高島、二〇〇七）の設定が可能では、と考え、紹介する。

一、東御廻り

東御廻り《あがりうまーい》は、沖縄本島及び周辺離島において、主に四年、もしくは六年ごとに旧暦八月に行われる巡拝行事である。名称の由来は、巡拝エリアである沖縄本島島尻郡東部が、大里、知念、玉城、佐敷の東四間切《あがりよんまぎり》または東方《あがりかた》と称されていたことから、この広域に散在する聖地巡拝は「東御廻り」と呼ばれるようになったようである。

「東御廻り」巡拝行事の目的は、前述した通りであるが、もう一つの目的は、琉球王国の第一尚氏王統と第二尚氏王統にゆかりのある東四間切の聖地を巡拝する神拝行事でもある。さらに、この琉球王国時代の祖先の巡拝路を追体験することにより、門中のアイデンティティーや紐帯を確認し、血縁共同体の結束を強めていくことも目的の一つとなっているようである。

後述するように、「東御廻り」の聖地は、御嶽や拝井泉が主なものであるが、これらは概して海岸部や丘陵地に立地している。

巡拝地および巡拝路等は門中単位で行われることが基本であるが（桃原編、一九九七）、士族門中（男系血縁共同体）と農民門中・一般門中は異なっていた。ちなみに、農民門中・一般門中の巡拝は、首里・那覇から島尻郡や中頭郡等に広がっていったようである。

しかし、士族門中、農民門中・一般門中とも時代の経過とともに、巡拝地の省略や巡拝路の変更などが生じている場合も少なくないようである。

また、巡拝地の構成要素となっている御嶽等の由来等が未詳であるにも関わらず、開発などによって形状や周辺の景観等が変化するなど、場所の特定が困難になってきているものも少なくない状況にあることに鑑み、沖縄県教育委員会では一九九四（平成六）～一九九七（平成九）年度に東御廻り等関連拝所総合調査を実施している（桃原編、一九九五・一九九七）。

なお、巡拝地の概要については、沖縄県教育委員会の調査報告をはじめ、筆者の実見や関連文献等をも参照した。

巡拝路は、那覇市首里在の琉球王国時代に国王が巡幸の際、道中の無事を祈願した園比屋武《そのひやん》御嶽《うたき》（拝所）を起点に、南東方の与那原町へ下り、御殿山（浜の御殿）（拝所）、与那原親川《うぇーがー》（拝井泉）を経由して南城市へ入り、佐敷馬天《ばてぃん》御嶽（拝所）、佐敷上城之殿《うぃーぐすくぬとぅん》（寄り上《や》げ森）（拝所）、さらには旧知念村知名在の知念《ちにん》ティダ（太陽）御川（拝井泉）、さらには知名集落背後の知名御川（拝井泉）を経て、世界遺産「斎場御嶽」（拝所）に辿り着く。斎場御嶽参拝後は、知念グスク（拝所）、知念グスク西麓在の知念大川《うっかー》（拝井泉）、受水・走水（拝井泉）、ヤハラヅカサ（拝所）、浜川御嶽（拝所）、ミントングスク（拝所）、玉城グスク（拝所）で最終となる（図１）。

高良勉によれば、門中によっては馬天御嶽（拝所）と佐敷グスク（拝所）、知名御川（拝泉）を省略する門中もあるとのことである（高良、二〇一二）。

巡拝に参列する人数も決まってはいないが、南城市玉城百名の士族門中である高嶺家を例にみると、一軒あたりの人数はほぼ四名で、地元南城市玉城在住で七軒、糸満市在住二軒、名護市在住四軒、その他在住四軒の計十七軒から参列していることから、総計六十八名に達するようである（高

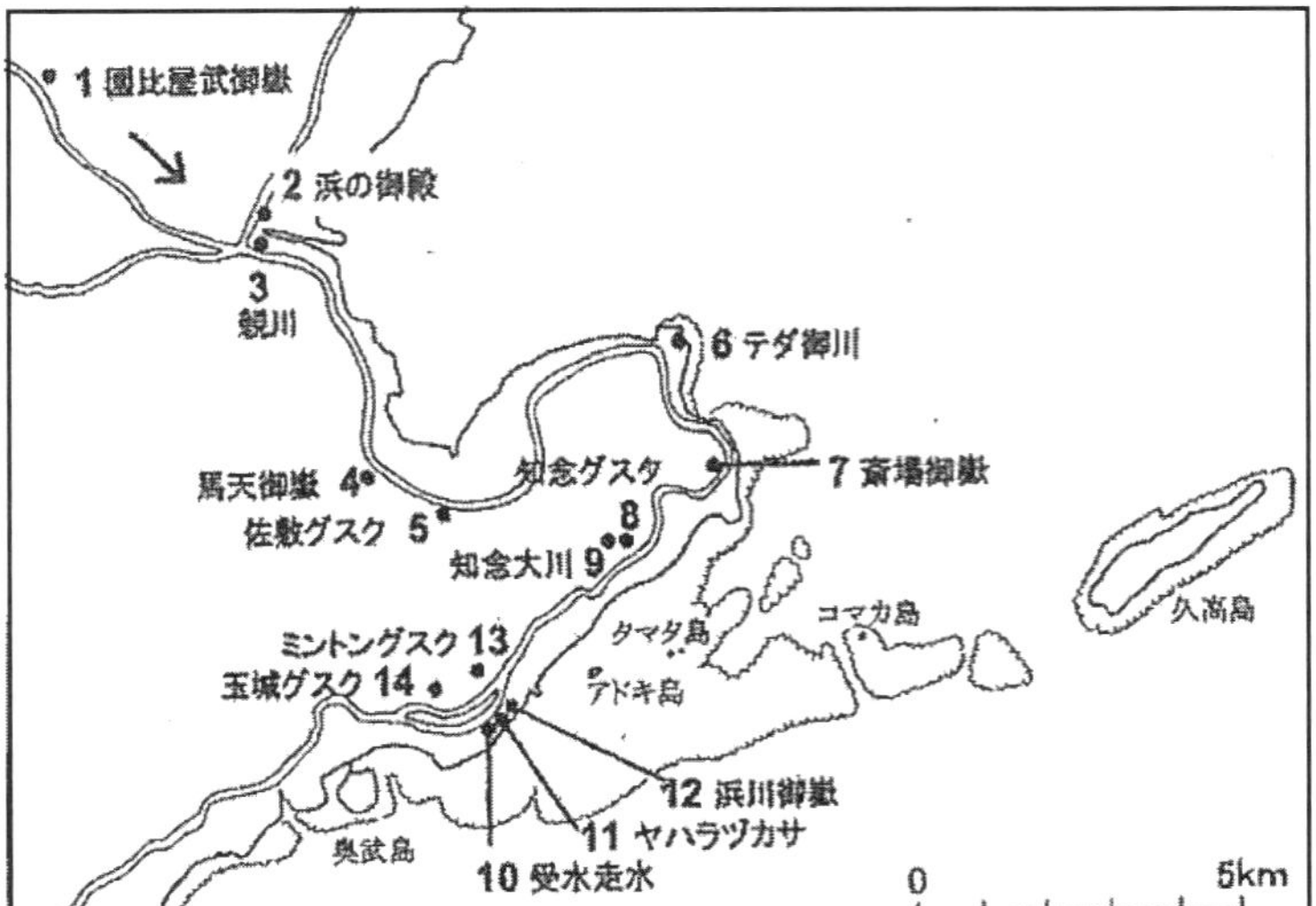

図１「東御廻り」ルート図

良、二〇一一)。

巡拝は毎年ではなく、概ね四年に一度の周期で行われ、時期的には農閑期で、台風の襲来が多くなく、天候が穏やかな旧暦の八~十月頃に行われることが多い。

巡拝の方法も時代の変遷とともに多少の変化を遂げてきており、琉球王国時代には旧暦二月と四月の年二回、馬や駕籠、あるいは徒歩により二泊三日かけて行っていたが、近代から戦前にかけては、主として、家族代表が「神拝人衆」と称し、徒歩で数日かけて行うようになった。そして、現代では四年周期で観光バスをチャーターしたり、自家用車を連ねて行うことが一般的となっている。

二、「東御廻り」の巡拝地の概要

ここでは、東御廻りの各巡拝地の概要を述べる。

■園比屋武御嶽《そのひやんうたき》

首里城の牌楼形式の門:守禮門の北東に垂木、唐破風、懸魚、棟飾りを彫り込んで意匠した石造門がある(写真1)。

この石門は、第二尚氏第三代王の尚真(在位一四七七~一五二六年)の一五一九(尚真四十三、永正十六、正徳十四)年に創建された石造りの門で、門の背後の樹林地が園比屋武御嶽と

1　園比屋武御嶽（筆者撮影）

呼ばれる聖地（拝所）である。

石門には観音開きの木製の扉が設置され、閉ざされているが、扉の手前に石製の香炉が安置されていて、当該香炉を通して背後の樹林地を拝んでいる。

当該御嶽は、琉球王国時代には国家の精神的な拠り所として重視され、国家の安泰や祭礼の祈願だけでなく、国王が首里城を出て各地に巡幸する際の帰路往路の道中の安全を祈願したと伝えられる。王国との関わりの強い拝所であるとともに、王府の行事で東方を巡拝する「東御廻り」や聞得大君《きこえおおきみ》の神女式である「御新下り《おあらおり》」の儀式の際に最初に祈願する巡拝地であったと伝えられることから、王府行事や祭祀と密着した重要な御嶽）でもあった。

御嶽の本体である石門背後の樹林地は、戦後学校建設に伴って、一部が伐採整地されたため、遺存状況は必ずしも良好ではないが、今日では門自体が拝所と化しており、老若男女を問わず、多くの人々が参拝に訪れている。

■御殿山《うどぅんやま》（浜の御殿）

与那原町与那原に所在する御嶽で、俗に〈御殿山〉と称されている（写真2）。当該拝所は、去る大戦によって壊滅を受けたうえ、本来所在していた場所に町の青少年広場の整備などが行われたため、現在地は本来の場所から若干移動している。『琉球國由来記』巻十三（一七一三年）には、神名はアマオレツカサで、天女が天降りした場所として記され、オヤガワ（与那原親川）は天女の御子の産井と伝承されていると記されている（伊波・東恩納・横山編、一九六二）。

国王・聞得大君の東御廻りには、南城市佐敷、知念、玉城への途次に、与那原町の当該御殿、さらには与那原エーガー（親川）での儀式があった。そのため、尚（向）氏だけは、東御廻りの際に浜の御殿での祈願を欠かせなかったという。

■与那原《よなばる》エーガー（親川）

与那原町与那原に所在する拝井泉である（写真3）。当該拝井泉は、聞得大君の御新下りの際にお水撫でを行った霊泉として知られる。『琉球國由来記』によれば、往時の儀礼は与那原ノロの御崇《おたか》べのなか、トシナフリの女性の汲んだエーガーの水を脇の

2　御殿山（浜の御殿）（筆者撮影）

3　与那原親川（筆者撮影）

阿武志良禮《あむしられ》が受け取って、聞得大君に捧げ、聞得大君がこれを御手で受けて御水撫でをしたと伝えられる（伊波・東恩納・横山、一九六二）。

現在のエーガーは町立綱曳資料館敷地内に取り込まれているが、戦前のエーガーの敷地は現在地も含めた約三百坪を有し、泉の周辺は鬱蒼とした樹林地となっていたようである。

往時の敷地の北側には遊び庭があり、『御新下り日記』によれば、遊び庭には大木のコバテイシの木があり、御新下りの聞得大君の御水撫で儀礼の際には与那原ノロやトシナフリの女性がこの樹の下で控えていたということが記されている（小島、一九八二）。

元来、泉口は立派な石積みで囲われていたようであるが、去る大戦で破壊を受け、現在のものは戦後になって修復されたものである。

■佐敷グスク上城之殿《さしきぐすくうぃーぐすくぬとぅん》

南城市佐敷字佐敷の標高一五〇メートル前後の台地が囲う馬蹄形状の標高五〇メートルに形成された佐敷グスク上城に所在する拝所である。

この上城に関し、『琉球國由来記』（一七一三年）には上城之嶽と記され、佐敷小按司（尚巴志：第一尚氏王統の第二代）の居城であった。

この御嶽には「スデツカサノ御イベ」と「若ツカサの御イベ」の二つの神が祀られ、年浴とミヤタテの行事の日に佐敷ノロが中心となって、花米や神酒などを供えて、祀りごとを行なっている、と記されている（伊波・東恩納・横山編、一九六二）。

グスク内には、佐敷ノロ殿内、内原の殿（上城の殿）、カマド跡、つきしろの宮、イベ等がある。

当該殿で最も重要なイベは、一九三八（昭和十三）年に門中によって尚巴志等没後五〇〇年を記念して建立されたつきしろの宮（第一尚氏王統の佐銘川大主、尚思紹王尚巴志王、尚忠王、尚思達王、尚金福王、尚泰久王、尚徳王の八神を合祀）の背後のこんもりとした雑木内に香炉のみが所在する拝所である。

■テダ大川《てだうっかー》

南城市知念字知名の知名崎＝知名グスク突端の海岸に所在する拝井泉である（写真4）。当該御川のほぼ真東には久高島を望むことができる。

当該地は縦一メートル、横二メートル、深さ三十センチメートル程がコンクリートで囲まれているが、水は枯れて全く見られない。その前面に香炉が安置されている。「テダ御川」と記された石碑と説明板がなければ、当該地が拝井泉であることを想起するのは困難な程である。

当該井泉は、国王一行が久高行幸の途中に飲料水を補給し、海上無事を祈願した場所だという伝承がある。

なお、井泉の名称については、太陽神が降りた場所ということに由来するという説もある。

板馬集落と知名集落の人々は、正月のハチウビー（初井泉拝み）と十二月二十四日に部落行

4　テダ大川（筆者撮影）

5　知名御川（筆者撮影）

事として当該御川を拝んでいる。

■知名御川《ちなうかー》

南城市知念字知名の集落後背の小字：イーバルに所在する拝井泉である（写真5）。井泉は、琉球石灰岩の根元部（島尻層とされる泥岩との境目）から湧き出た湧水をドーム型天井形状に構築した石積みで囲った形状をなし、深さは、約二メートルを測る。井泉に向かって左手に香炉が設置されているが、これは戦後になって何者かによって設置されたものらしく、戦前にはなかったようである（桃原編、一九九五）。

当該井泉は、戦前より「東御廻り」で参拝者が絶えない巡拝地の一つであったようであるが、門中によっては参拝しない門中もあるようである。

■斎場御嶽《せいふぁーうたき》

南城市知念字久手堅サイハ原に所在する沖縄最高の霊地で、阿摩美久《アマミキヨ》が造ったとされる七嶽の一つである。知念岬の北西部に位置し、御嶽内の御門口、三庫理からは東方に久高島を望見できる。

当該御嶽は、沖縄本島各地の門中の神拝みである「東御廻り」の代表的な拝所の一つであるとともに、琉球王国時代には琉球の最高神女である聞得大君の就任式である「御新下り《おあらおり》」が行われた聖地である。

6　三庫理より久高島を遙拝する神人
（沖縄県教育委員会提供）

御嶽の正確な創建年代は判然としないが、王府の正史である『中山世鑑』には、琉球の開闢神「アマミク」が創設した御嶽の一つとされ、十五世紀前半にはすでに国王が斎場御嶽を巡幸していることが関連文献等から窺える。

現在でも、亜熱帯樹林で覆われ、様々な形状を呈した岩塊群の景観が格式の高い御嶽の神々しい雰囲気を醸し出している。

御嶽内には大庫理、寄満、三庫理（写真6）およびチョウノハナと称されている拝所があり、これらは石畳の参道で結ばれている。

当該御嶽は、古くは男子禁制の聖域で、男子は御嶽入り口の御門口から先へは入ることができなかった。しかし、現今では門中の人々が隊列をなして祖先の足跡を訪ねて巡拝する「東御廻り」等の行事によって、老若男女問わず多くの人々が参拝に訪れている。

■知念グスク

南城市知念字知念集落の背後の丘陵上に立地するグスクである。

当該グスクは、神が初めて天降りしたグスク、アマミキヨが初めて神に祈ったグスクとして『おもろさうし』（巻十九）にも謡われている。

グスクは、野面積みの古いグスク（知念森グスク）と切石積みで拱門の表裏門を有したグスク（知念グスク）の二つの郭からなる。この両グスク間の断崖上に低い石積みで囲われた御嶽「友利之嶽《トムイヌタキ》」が所在するが、当該拝所が「東御廻り」の巡拝地となっている。

当該御嶽は『琉球國由来記』にも記載がみられ、首里王府からの御使の御祈願があり、古くは聖上行幸の御親拝もあったようである（桃原編、一九九五）。

なお、「友利之嶽《トムイヌタキ》」は男子禁制の聖域で、一七六一（尚穆王十）年に知念グスク内に間切番所が移されるが、この段階においても禁制は守られていたようである。

■知念大川《ちねんうっかー》

南城市知念字知念に所在する拝井泉である（写真7）。

当該井泉は、知念グスクの西麓に位置し、グスクの裏門からは石畳の坂道を下って百メートル程の位置に所在していることから、グスクが機能していた段階には付随する水源だったであろう。

7　知念大川（筆者撮影）

『中山世鑑』に「稲ヲバ、知念大川ノ後、又玉城ヲケミゾニゾ藝給。」とあり、沖縄での稲作の発祥の地が当該拝井泉と受水・走水と伝えられる。

拝井泉の後はウカハル（内川原）で、稲作が初めて栽培された場所として、「東御廻り」の拝所となっている。

■受水《うきんじゅ》・走水《はいんじゅ》

南城市玉城百名に所在する拝井泉で、市指定の有形民俗文化財である。

受け水と出し水の二つの泉口を併せ呼んだ名称で、当該湧水に接するミフーダやウェーダ（親田）と称される田圃が稲作発祥伝説の主役であり、琉球王国時代以降、県内各地からの「東御廻り」の巡拝地となっている。

『琉球國由来記』等には、神名を「ホリスマスカキ君ガ御イベ」と記され、毎年正月の御祈願、九月麦種子、十二月結願、三月と八月の四度御物参の際、また隔年の四月の初穂の儀礼（ミシキョマ）の際、首里王府から大勢頭部や勢頭、當職からの使者でもって参拝するとともに、とりわけ干ばつの際には国王自ら雨乞いの儀式を行ったとされる。

■ヤハラヅカサ

南城市玉城字百名浦原地先の岩礁に所在する御嶽（拝所）で、市指定の有形民俗文化財である（写真８）。

御嶽は潮間帯下の岩礁に所在するため、干潮時には直方体の香炉が露出するが、満潮時なると海中に隠れるため、香炉の脇に建てられたコンクリート製の標柱が目印となる。

当該御嶽はウフアガリジマ（大東島、ニライカナイ）から来琉した琉球民族の祖先と伝承されるアマミキヨが最初に辿り着いた地だと伝えられ、御嶽から東方の海に向かって祈願する。同一方向にはアドキ島やコマカ島を結んで、久高島が望見される。

御嶽名の由来は、海路の日和が「やわらか」に鎮まるようにとの願いから付けられたのであろうか、と推されている（桃原編、一九九五）。

琉球王国時代には国王と聞得大君も四月の初穂儀礼（ミシキョマ）の際に参詣し、現在でも旧正月七日や旧八月等になると県内各地から多くの参拝者が訪れている。

8　ヤハラヅカサ（筆者撮影）

■浜川御嶽《はまがーうたき》

南城市玉城字百名浜川原に所在する御嶽（拝所）で、市指定史跡である。

当該御嶽は、玉城ノロの崇べ所として、首里王府も「東御廻り」を行ったと伝えられる重要な聖地で、県内各地から「東御廻り」の他、旧正月や旧八月等をはじめ、「浜川拝み」、「浜川ウビー撫ディー」と称して年中参拝者が絶えない。元来、御嶽は潮バナチカサと称される海岸汀線際にあったが、満潮時になると波が打ち寄せるため危険であるということから、近世になって吉田下知役という役人の指示で現在地に移動したと伝えられる。

神名、ヤハラヅカサ潮バナチカサの御イベが祭られている。

伝承によると、その昔、琉球民族の祖先であるアマミキヨがウフアガリジマから渡ってきて、ヤハラヂカサに第一歩を証し、浜川の清水で旅の疲れを癒し、付近の岩穴で仮住まいをした後、ミントゥングスクに移り、安住の地を求めたと伝えられる。

■ミントゥングスク

南城市玉城仲村渠に所在する県指定のグスクである。

伝承によると、当該グスクは、沖縄発祥の地と伝えられ、ヤハラヂカサに上陸したアマミキヨは、近くの浜川御嶽で疲れを癒した後、当該グスクに上がってきて住み着くようになったと伝えられる。

このようなことから、県内各地からの参詣者が多く、年中参拝者が絶えない。

大正時代までは、首里の御殿や殿内からも駕籠で参拝に来たようである。

創始者の子孫は、グスクの麓に所在するナガマシ（長桝）という家で、字仲村渠の創始家（根屋）でもある。

グスクにまつわる伝承として、アマミキヨによる沖縄発祥の地の他、豚の輸入伝説の百名大主の墓、久高島遙拝所等も伝えられる。

沖縄初の豚輸入の伝承は、当該グスクの祖先の百名大主と伝承される人物が中国のミントゥン府という所から輸入したと伝えられ、グスク内にその墓と伝承される地点と豚をつぶした場所もあったとされる。

■玉城グスク

南城市玉城字玉城に所在する国指定史跡である（写真9）。

グスクの名称について、諸記録には「玉城アマツズ」、「天粒天次」、「雨辻」等と記されており、地元では「タマグスク・グスク」、または「アマチジ」と称されているが、はるか以前は「牙浪森」と呼ばれていたとのことである（桃原編、一九九五）。

伝承によれば、グスクの発祥は、ミントゥングスクから分派した玉城按司の居城とされる。

『中山世鑑』や『琉球國由来記』等には、国造り神話の中で、アマミクの創建した御嶽の一つで、神名「アガルイ

9　玉城グスク（筆者撮影）

御イベツレルイ御イベ」となっている。毎年、正月の御祈願、九月麦種子、十二月結願、三月と八月の四度の御物の際、また隔年の四月の稲のミシキョマの時に首里王府から大勢頭部、勢頭、當職らの使者が参拝し、とりわけ干ばつの際には国王自ら雨乞いの儀式を行ったと記されている。

三、今帰仁上り

「今帰仁上り」は琉球開闢の伝説に関わる御嶽などの聖地、琉球の三山鼎立時代の旧跡、村落のノロ殿内、今帰仁監守時代の墓、今帰仁城跡とその周辺の墳墓や御嶽、拝井泉等を巡拝する巡拝行事である。「東御廻り」とともに、県内のほとんどの門中が行わなければならないものとして習慣づけられている。

巡拝は御嶽に近い地域では毎年一回、遠方に居住の人々は距離によって三年もしくは、五年、七年、九年、十三年の奇数年に行われているようである。

実施する季節は、旧暦八月頃から十月頃までの爽涼な秋の農閑期に行う場合が多い。伝承によると、祖神たちもこの時期に天降りして回遊すると信じられている。

基本的な巡拝路としては、最初に今帰仁ノロ殿内を拝み、今帰仁ノロの先導により今帰仁城跡内外の御嶽や旧跡を巡拝するが、途中に運天港近くの百按司墓《むむじゃなばか》、大西墓《うーにしばか》、テラガマ、諸志海岸の赤墓、今泊海岸の開かん墓などがある。

しかし、「今帰仁上り」とは称しても巡拝箇所が村内に限られている訳ではない。門中によっては、今帰仁へ向かう途中の浦添市をはじめ、北中城村、読谷村、旧石川市（現うるま市）、本部町等の聖地も巡拝することがあり、これらをすべて含めると五十箇所程におよぶ。このため、紙幅等の都合から巡拝地の概要については、今帰仁村城跡近傍所在に止め、それ以外については割愛した。

なお、参拝地や参拝方角、参拝内容等については、参拝する各門中によって異なっている場合が少なくないが、小稿では一般的な内容について記す。

ところで、「今帰仁上り」の起源はどこまで遡れるかと言うと、最古の記録と推されるのは南城市在住の新垣家の巡拝記録である。「道光拾壱年辛卯年六月仕立　諸日記」には門中巡拝記録が収められている。当該日記に「今帰仁拝み」と記されており、道光十八（一八三八）年に九年廻りで今帰仁上りを行ったことが記されている。

この記録からする限り、「今帰仁上り」は少なくとも一六〇年以上は遡ることは明らかである。この道光年代の史料に次いで、戦前の史料では明治三十四年に行われた読谷村長浜村「大殿内」門中の記録が知られ（読谷村史編纂委員会一九八八）、巡拝の行程と神に供えた供物等が具体的に記されている。

また、大正時代の記録では、参拝には数日を要し、着替えや神々に供える供物を担いで参詣したことが窺える。

四、「今帰仁上り」の巡礼地の概要

ここでは、「今帰仁上り《なきじんぬぶい》」の各巡礼地の概要を述べる。

■今帰仁城跡内上の御嶽（テンチヂアマチヂ）

今帰仁城跡内の御内原内にある御嶽である（写真10）。

本部石灰岩の自然石の巨岩がイベ（霊石）となっているが、イベを抱くように樹木が繁茂し、霊石正面に香炉が三基配され、霊石を取り囲むようにして石積みが囲繞している。

『琉球國由来記』には「城内上之嶽」、神名を「テンツギノカナヒヤブノ御イベ」と記されており、『おもろさうし』には「今鬼仁のカナヒヤブ」として謡われている。

また、『中山世鑑』ではアマミク（阿摩美久）が創設した七つの御嶽の一つとして、このカナヒヤブが挙げられており、「今帰仁上り」の中でも重要な拝所の一つである。

■今帰仁城跡内下の御嶽（ソイツギ）

今帰仁城跡内の北殿跡（神ハサギ跡）の西側にある御嶽である（写真11）。

本部石灰岩の石に囲まれた窪みがあり、その前面部に香炉が三基安置された地点がイビとなっている。

『琉球國由来記』には「城内下之嶽」、神名を「ソイツギノイシズ御イベ」と記されている。

10 上の御嶽（今帰仁村教育委員会提供）

11 下の御嶽
（今帰仁村教育委員会提供）

ソイ「添い」とツギ「継ぎ」と訳され、上の御嶽と対の御嶽と理解されている。

去る沖縄戦には被災を避けるために、上の御嶽の霊石を当該御嶽に安置し、保管したようである。

当該御嶽は「今帰仁上り」以外の、地元である今泊集落の参拝行事においても、重要な参拝地として巡拝し、イビの鎮守として五穀豊穣を祈願する聖地ともなっている。

■今帰仁《なきじん》里主所《さとぬしどころ》の火之神《ひのかみ》の祠《ほこら》

今帰仁城跡の主郭に所在する火の神の祠である（写真12）。当該祠は地元ではウドゥングワー（小さな御殿）等とも称されている。

伝承によれば、当該祠は歴代監守のご神体である火の神を祀った祠と伝えられる。

現在の祠は、戦後改築されたものであるとともに、かつては主郭の中央部付近に所在していたが、一九八七（昭和六十二）年の整備に伴い、移築を余儀なくされ、現在地に建てられた経緯がある。

祠は琉球石灰岩の石壁、赤瓦屋根造りとなっており、建物の前面には石灯籠三基と、「山北今帰仁城監守来歴碑」が建立されている。

そして、祠内には火之神を象徴する霊石と石製香炉が配置されている。

12 今帰仁里主の火之神の祠
（今帰仁村教育委員会提供）

■今帰仁城跡内カラウカー

今帰仁城跡内の大庭の東南部に所在する本部石灰岩の凹んだ自然岩からなる拝井泉である。

当該泉は年中水をたたえ、枯れることのない湧泉とされる。

当該井泉にはその昔魚を飼った池であるとか、城に仕えていた女官達が洗髪をしたとか、いくつかの伝承が伝えられる。また、水量で吉凶を占ったとも伝えられる。当該井泉には現在香炉が二基安置されており、香炉がクバの御嶽方向へ向いていることから、当該御嶽への遥拝所との見方もある。

むろん、「今帰仁上り」の拝所としても参拝されるが、地元今泊集落によって行われる祭祀や海神祭（城拝み）においても拝まれている重要な御嶽である。

■今帰仁城跡内志慶真門

今帰仁城跡の南側の主郭より一段低い場所に所在する門である。

当該門は城跡の裏門にあたり、グスクの防御等において重要な門であったとみられる。城門および城門近くには拝所と推される石組みや祠が所在する。

これらは何時設置されたかは判然としないが、比較的新しい可能性も指摘されている。門外にはかつて志慶真と称される集落があったようで、発掘調査によって確認されている。当該地にも読谷山ガー等の拝所が所在する。

■北殿跡

今帰仁城跡内の大庭の北側の一段高くなった地点が北殿跡とされる。

地元では神アサギ跡と伝承され、大正時代に調査を行った鎌倉芳太郎の報告によれば、神アサギの面積は概ね三間四方で、西南に面して建てられていたものと推定されている。

一帯には礎石が確認されるが、神アサギのものか、北殿のものかは判然としない。当該地に戦前までは七月の大折目、八月海神祭（城拝み《ぐすくうぃみ》）の祭に仮屋を建てたとされる。

参拝地は大隈内に建立されている「志慶真乙樽《しじまうとぅだる》」の歌碑の右手から進入し、北殿跡のほぼ中央部に香炉が一基設置され、当該香炉を拝んでいる。

現今も今泊集落の祭祀行事においては必須の巡拝地となっており、重要な聖地の一つとされる。

■大隅内の洞窟《うふしみないのどうくつ》

今帰仁城跡内の大隈郭内に所在する洞窟である。

当該郭内は各所に本部石灰岩の岩が露呈し、自然地形を良好に残している。

郭内のほぼ中央部に自然に開口した洞窟があり、当該洞窟は城外への抜け穴と伝承される。

当該洞窟以外にも郭内には名称も由来も判然としない（あるいは後世に設置されたものか）、香炉がいくつか安置され、参拝者に拝まれている。

■古宇利殿内《ふいどぅんち》

今帰仁城跡外郭内の北東側の一段低くなった地点に所在する拝所である（写真13）。

祠は古宇利島の所在する北東方向を向いており、地元の方言で古宇利島のことを「フイ」と呼ばれていることから古宇利島への遥拝所とされる。

現存する祠は、二〇一〇（平成二十二）年の外郭東側整備に伴って移築され、古写真等をもとに赤瓦葺きに復元されたものである。

祠内には霊石が三石、香炉が三基設置されている。当該拝所は今泊の神行事の際には、今帰仁ノロも巡幸する。

■平郎門手前の香炉

今帰仁城跡の追手門である「平郎門」の右脇手前に所在する拝所である。香炉の法量は、地上に露出している部分で横二十五センチメートル、高さ十センチメートルを測る。当該香炉の設置目的、起源等については、記録類等が皆無なため不明であるが、現今において当該香炉を拝む人々は少なくない。

一九三三（昭和八）年に記された大宜味間切大宜味村のある一門の『今帰仁拝ミ造用割符帳』によると、「城内へ入ル所デ一ケ所（奥ノ山へ水ノ御礼）」と記されているが、その場所が当該香炉であるとすれば「奥ノ山」城跡の西側に広がるクバの御嶽を指していると解され、あるいはクバの

13 古宇利殿内（今帰仁村教育委員会提供）

御嶽への遙拝ともみることができよう。

■御内原《うーちばる》近《ちか》くの井戸《いど》

今帰仁城跡内の上之御嶽の背後を御内原と称しているが、その北東部に崖縁に所在する拝井泉である（写真14）。

所在は、グスクの北東を流れる志慶真川渓谷の崖上にあたり、当該井泉部のみが河川向けに突出し、約四メートルの石積みで構築されている。

立地等からして、湧水ではなく、溜め井的な性格を有した井泉であったものであろう。

井戸の規模は縦一・四メートル、横一・五メートル、深さ一・二メートルを測る。

14 御内原近くの井戸
（今帰仁村教育委員会提供）

■今帰仁《なきじん》阿応理屋恵《あおりやえ》ノロ殿内《どぅんち》火之神《ひのかみ》の祠《ほこら》

今帰仁城跡北側、登城路としてのハンタ道が北走しているが、このハンタ道の西側に所在する拝所である（写真15）。

拝所の名称となっている「今帰仁阿応理屋恵ノロ」は、沖縄本島国頭地方を統括する神職で、

15　今帰仁阿応理屋恵ノロ殿内火之神の祠
（今帰仁村教育委員会提供）

当該拝所の所在する場所に住んでいたが、一六〇九年の薩摩の侵攻以降は海岸部の今泊集落に移転したとのことである。

祠の屋根はセメント瓦葺きとなっているが、土壁等が残り、旧来の形状を止めている。

祠内には香炉十三基と火の神を象徴する石が十三個安置されている。

■今帰仁阿応理屋恵ノロ殿内火之神裏の遙拝所

前項の拝所の裏手、すなわち北側に所在する拝所である。

拝所には香炉が五基安置され、伊是名島や伊平屋島、さらには国頭村宜名真への遙拝所として「今帰仁上り」の参拝所となっている。

拝所名等は判然としないが、前項の祠とセットをなして拝まれている。

香炉の設置された地点には石積みが埋まっており、建物跡の基礎とみられるが、供のかねノロ殿内火之神の祠を囲繞するように積み巡らされていることから、屋敷跡の石積み囲いであろう、と推されている。

■今帰仁ノロ殿内火之神の祠

今帰仁城跡西側を北走する登城路のハンタ道沿いの東側に所在する拝所である。

所在地は、近世以前まで今帰仁ノロ殿内の屋敷であったが、一六〇九年の薩摩の侵攻によって今帰仁城が攻め落とされため、今泊集落に移転させたと考えられている。

ノロの屋敷は移しても火之神の祠は元来の地に残したのであろう。

当該拝所は「今帰仁上り」でも多くの人々が参拝に訪れている。

■供のかねノロ殿内火之神の祠《とものかねのろどぅんちひのかみのほこら》

今帰仁城跡西側を北走する登城路のハンタ道から脇に入った所に所在する拝所である（写真16）。

16 供のかねノロ殿内火之神の祠
（今帰仁村教育委員会提供）

火の神の祠が所在する地点が供のかねノロの屋敷跡であり、後に今泊集落へ移転した。

供のかねノロは、今帰仁ノロに次ぐ地位に位置づけられた神職で、毎年二回、五月、九月に大御願を行っていた。

当該ノロは、単独には同ノロ殿内の火の神を祭祀するだけであるが、公事の祭祀においては今帰仁ノロを補佐する役職にもあったようである。

■親川《えーがー》

城跡への登城路であるハンタ道の入り口部に所在する自然湧水である（写真17）。隣接する「ナグガー」とともに、今泊集落の水源として大切にされてきた拝井泉である。

かつては、飲料水として、さらには子ども達の水遊び場、女性の髪洗い場等にも使用されていたようである。

水源は今帰仁城跡や城跡の南側の本部石灰岩からなる山麓にあると推され、年中水が涸れることはない。

井泉の傍らに四基の香炉が安置され、参拝の対象となっている。香炉の安置されている地点から水面を覗くと、水底に凹んだ岩盤があるが、当該部が湧水点になっていると伝えられ、地元の今泊集落をはじめ各地の門中が参拝等で訪れる拝所である。

17　親川（今帰仁村教育委員会提供）

■クバの御嶽

城跡の西側に望める山が御嶽となっている（写真18）。当該山は二連峰になっているが、両山全体が御嶽であるとの捉え方と、拝所が所在する北側の山のみが御嶽であるとの二者の捉え方がある。また、他の見方としてクバの御嶽は琉球七嶽の一つであるともされ、県内各地から参拝者が訪れている。

拝所が所在する御嶽のイベは、山の中腹付近に所在し、その麓の広場が拝殿（祭場）となっている。祭礼等の際、イベまで行けるのはノロのみで、他の人達は祭場から遥拝する。

当該御嶽の祭神は「ワカツカサの御イベ」と称され、春秋二回、旧五月十五日に祭礼が行われ、今帰仁ノロ、供のかねノロ以下各女官と今泊集落の人々が総出で子孫繁栄等を祈願する。

18　クバの御嶽（今帰仁村教育委員会提供）

■プトゥキヌイッピャ

クバの御嶽西側の中腹に所在する洞窟が拝所となっている。

プトゥキヌイッピャと称される岩穴で、その昔、天孫氏がこの岩穴に住んでいて三男二女が生まれたと伝えられる岩屋である。

洞窟名の由来は、プトゥキとは解き若しくは仏の方言名で、イッピャは岩屋のことと解されている。

岩屋は入り口が約三メートル、洞窟内の広さは約二十平方メートルの規模を測り、各所にサンゴ石が散在している。

子宝に恵まれない人たちが当該拝所を参拝することによって子宝に授かると伝承され、子宝を授かった人は海浜からサンゴ石を採取してきて、ご馳走とともに供え、感謝申し上げた後、サンゴ石を洞内に置いて帰るとされる。

■サカンケー

城跡のガイダンス施設等の機能を有したグスク交流センター前の駐車場の道路脇に所在する香炉である。

当該香炉は、クバの御嶽に向かって設置されている。クバの御嶽での祭祀行事である旧五月十五日と九月十五日の大御願や祝宴等が済んだ後、参拝者は集落に下りて行くが、その途中に当該香炉は存在することから、参拝者は香炉を介してクバの御嶽に礼拝し、神に対し別れの挨拶を告げるという。拝所名の由来は、後に振り返って逆さに向かうことから「サカンケー」と称されるようになったと伝承されている。

このように、クバの御嶽に参拝する人達にとって当該香炉は遥拝所として機能している。

■今帰仁ノロ殿内

今泊集落内に所在する今帰仁ノロの屋敷である（写真19）。

今帰仁ノロは今泊・親泊・志慶真の各ムラの神役を統率し、今帰仁城内および周辺の聖地や年中祭祀を司る役目を担い、元来城跡周辺に所在していたが、一六〇九年の薩摩の侵攻後、現在地に移転してきたと伝えられる。

今帰仁ノロは、民衆からノロクモイと称されるとともに、崇高な存在として位置づけられていた。

当該家には、首里王府より授かった勾玉やかんざし等が伝わっている。

19 今帰仁ノロ殿内
（今帰仁村教育委員会提供）

■阿応理屋恵ノロ殿内

今泊集落に所在する上級神女（三十三君）の一人である阿応理屋恵ノロの屋敷である。

当該ノロが今帰仁間切に配置されたのは、北山監守の氏神を祀り、五穀豊穣を祈願するとともに、今帰仁間切から望見可能な伊平屋島や伊是名島には王府との関わりの深い拝所等が少なくないことから、該地への遥拝所として設置されたと言われている。

当該屋敷は、元来城跡の周辺に所在していたが、一六〇九年の薩摩の侵攻後、海岸沿いの集落に移転してきたと伝えられる。

現在地には「向縄祖」の位牌が祀られていることから、七世の従憲が首里に引き上げてから居住したと推測されている。

■津屋口墓（アカン墓）

今泊集落の東側の船着場へ通じる右手に所在する古墓である（写真20）。

墓の構造は、岩陰状の地形に石積みによって構築した後、外面を漆喰で塗り固めている。形状は、緩やかな弧状をなした屋根を横長の長方形状の壁で支えている。

一帯は、フクギ等の木々が鬱蒼と茂り、霊気が漂い「口なし墓」または「チェーグチバカ」と称し、地域住民からはアカン墓と敬遠されている。

当該墓は、向姓具志川御殿の祖先：宋真公（唐名：和賢）の三代目で、北山監守を務めた人の墓である。

北山監守一族の墓は、運天集落所在の大北墓や首里に葬られていることが多いが、宋真公のみが当該墓に葬られている。

20 津屋口墓（アカン墓）
（今帰仁村教育委員会提供）

墓庭には「墳墓記」の墓碑が建立されており、碑文には墓が壊れそうになったので、康熙戊午秋（一六七八年）八月に修理を行なった旨のことが記されている。

■諸志御嶽内の古墓群

諸志集落の東側に展開する諸志御嶽内に所在する古墓である。

琉球石灰岩の崖面にある岩陰を掘り込み、その前面には人頭大程の自然石をを野面積みにして築造した掘り込みが十基程存在する。これらの墓の中でも比較的墓口が大きいものには香炉も安置されている。

諸志集落の人達は、清明祭等に当該古墓群を参拝し、隣接する仲尾次集落の田場門中、仲里（城間）門中は「今帰仁上り」の一つとして参拝しているようである。

おわりに

前節までにて沖縄の巡拝路「東御廻り」と「今帰仁上り」の内容および巡拝地等について、概述してきた。

これらの巡拝地には二〇〇〇年に世界文化遺産として登録された「琉球王国のグスク及び関連遺産群」の構成資産となっている園比屋武御嶽石門、斎場御嶽、今帰仁城跡が含まれている。

この三資産も他の六資産と同様、世界遺産登録前に比して登録後の入園者が増加の一途を辿っていることは多言を要しない。とりわけ、斎場御嶽は飛躍的で、登録前は「東御廻り」を巡拝する参拝者が主体であったこともあり、年間の入園者は一万二千人程であったが、平成二十四年の入園者は四十一万七千人余と約三十五倍にも増加している。園比屋武御嶽石門は、首里城跡への通過点にあることから、統計的なデータはないが増加していることは確実である。また、今帰仁城跡も登録以前は十二万七千余人であったが、平成二十四年の入園者数は二十四万九千人と約二倍に増加している。

そこで、これらの遺産を核として、これらを繋ぐ巡拝路「東御廻り」「今帰仁上り」上に所在する巡拝地としての文化遺産、あるいは資産近隣に所在する文化遺産を繋げた地域文化の掘り起こしが可能ではないかとの取り組みが行われはじめている。すなわち、遺跡コンソーシアムである。

提案者の高島忠平によれば、遺跡間を繋ぐ相互の連携、これらにかかわる市民意識・自治体・管理団体等の一層の連携・協働こそが遺跡コンソーシアムであると唱える（高島、二〇〇七）。しかし、この提案に対し、増淵徹は「連携」の可能性を探る前提の諸整備が必要であろうとする（増淵、二〇〇八）。筆者もかつて「東御廻り」の巡拝路を遺跡コンソーシアムの一例として紹介したことがあるが（盛本、二〇〇八）、「東御廻り」については那覇市・与那原町・南城市の二市一町の自治体に跨がっているため、諸整備が必要である。

「今帰仁上り」も浦添市・北中城村・読谷村・恩納村・本部町・今帰仁村の一市一町四村の自治体に跨がっているため同様の課題を有しているが、今帰仁城跡とその周辺の巡拝地については案内ボランティア団体である今帰仁グスクを学ぶ会が積極的に取り組んでいる。その内容は、今帰仁城跡への来園者に対し、オプショナルガイドとして「ガイドと歩く世界遺産　今帰仁城跡と周辺史跡めぐり」と題し、「今帰仁上り」の巡拝地である今帰仁ノロ殿内火之神の祠や親川、今帰仁ノロ殿内、クバの御嶽等の拝所や旧跡、さらには今泊集落内に所在する旧跡等を組み合わせた左記の三つのコースを設定し、案内している。

A．ハンタ道と周辺遺跡
B．今泊集落の散策～今帰仁城を支えた城下町をめぐる～
C．村内遺跡めぐり～オリジナルプラン～

これらは、世界遺産「琉球王国のグスク及び関連遺産群」の一資産としての今帰仁城跡の歴史・文化的価値の理解のみでなく、今帰仁城跡と関連する文化遺産を案内することによって、より今帰仁城跡の価値の高さや広がりに繋げられるものであろう。

このような取り組みは、文化庁が提唱している「歴史文化基本構想」、すなわち地域に所在する文化財を指定・未指定あるいは有形・無形にかかわらず幅広く捉えて、的確に把握し、総合的に保存・活用しようということに通じるところがあると考える。

今後、今帰仁グスクを学ぶ会のような取り組みを拡充していくことによって「琉球王国のグスク及び関連遺産群」の付加価値の高揚に繋がっていくであろう。

本稿をまとめるにあたって、巡拝地の概要のうち、「東御廻り」については、巻末の参考及び引用文献の桃原編一九九五・一九九七を、「今帰仁上り」については今帰仁グスクを学ぶ会

・編二〇一〇を参照させていただいた。また、「東御廻り」の写真の一部については、沖縄県教育委員会より、「今帰仁上り」の写真については、今帰仁村教育委員会から、文献の一部については崎原恒寿氏より提供いただいた。銘記して謝意を申し上げるしだいである。

＊1 別名「アマミキヨ」「アマミク」と称されることもある。

＊2 首里王府のもとで編集された歴史書『中山世鑑』（一六五〇年）によれば、十七世紀中期、国王が知念・玉城に親拝していることから、往時王府によって「東御廻り」が行われていたことが窺える。

［参考及び引用文献］

新垣孫一（一九五五）『琉球発祥史』、自費出版。

伊波普猷・東恩納寛惇・横山重編（一九七二）『琉球史料叢書　一』、井上書店。琉球史料叢書。

小島櫻禮校注（一九八二）「一八四〇　大里間切　聞得大君加那志様御新下り日記」『神道体系神社編五二　沖縄』、

崎原恒新（一九八七）「沖縄・アガリウマーイ随行記」『南島研究』二十七。四一～四七頁。南島研究会。

島尻郡教育部会（一九三七）『島尻郡誌』（初版）。一九八五：南部振興会。再版。

新城徳祐（一九七二）『東御廻りの拝所旧跡』、郷土の文化を守る会。

高島忠平（二〇〇七）「遺跡コンソーシアムの提案」、二〇〇七年度日本遺跡学会全国大会発表要旨資料集、日本遺跡学会。

高良　勉（二〇一一）「アガリウマーイ（東御廻り）」。第四八三回沖縄大学土曜教養講座「世界遺産・巡礼の路」報告レジュメ、沖縄大学地域研究所。

桃原茂夫編（一九九五）「東廻り等関連拝所総合調査（Ⅰ）」、沖縄県文化財調査報告書第一一八集、沖縄県教育委員会。

桃原茂夫編（一九九七）「東廻り等関連拝所総合調査（Ⅱ）」、沖縄県文化財調査報告書第一二八集、沖縄県教育委員会。

鳥越憲三郎（一九六五）『琉球宗教史の研究』。角川書店。

今帰仁グスクを学ぶ会編（二〇一〇）「今帰仁上り」、今帰仁グスクを学ぶ会会誌『今帰仁グスク』四号特集号、沖縄県今帰仁村。

増渕　徹（二〇〇七）「特集１　遺跡連携コンソーシアムの課題と方向性―可能性を探る前提として―」、『遺跡学研究』四八～五三頁。日本遺跡学会。

宮平　実（一九八七）「『東御廻り』の道筋と民俗」『沖縄県歴史の道調査報告書Ⅵ―（島尻方諸海道）』、一五八～一六七頁、沖縄県教育委員会。

盛本　勲（二〇〇八）「特集１　遺跡コンソーシアム～地域連携～　グスク等の保存整備と活用 The Repair maintenance use of a Gusuku site」『遺跡学研究』三四～四一。日本遺跡学会。

読谷村史編纂委員会（一九八八）『読谷村史　第三巻　資料編２　文献にみる読谷山』四三六～四四五頁、読谷村役場。

熊野と琉球を結ぶ歴史

——補陀落渡海僧・日秀上人をめぐって——

熊野と琉球は奇しき縁で結ばれている。黒潮の反流に乗って一人の僧が熊野の那智海岸から沖縄本島中部の金武海岸に漂着した。僧の名は日秀上人。この物語と史料について根井浄氏に寄稿していただいた。史料は二〇一〇年三月二十一日に沖縄県南城市知念社会福祉センターで行われた「地域学サミットＩＮ南城市―熊野から沖縄への軌跡」（沖縄大学地域研究所主催）の際に配布されたものから抜粋した。

（緒方）

熊野と沖縄を結んだ日秀上人

根井　浄

和歌山県熊野の那智海岸から、はるか千百キロの太平洋の荒海を乗り越え、沖縄本島中部東海岸の太平洋に面する金武海岸に漂着した一僧があった。日秀上人である。時は十六世紀初頭。彼は補陀落《ふだらく》渡海僧という。補陀落―耳慣れない言葉である。補陀落とは南方海上にあると想像された観音菩薩の浄土をいう。補陀落世界への往生、または真の観音参拝を目指し、船出した多くの人々があった。

観音浄土へ向かって出帆する行為を補陀落渡海と呼ぶ。観音に対する実践的な信仰表出といえる。日本宗教史上の希有な現象であり、平安時代から明治まで断続的に、あるいは集中的に行われた。その最大の母港が熊野那智の海岸であった。

日秀が乗った渡海船は、船底に穴がくりぬかれていた。栓を抜けば海水が入り沈没する。だが船底の穴に密着して海水浸入を塞いだのは鮑だった。奇跡を呼んだ鮑が現存する。この説話・縁起は那智滝壷に棲んでいた鮑の滝水延命信仰を借用したものであろう（『源平盛衰記』）。熊野と沖縄を結びつける話であり、日秀は琉球に熊野信仰を持ち込んだ。

金武に漂着した日秀は脱水状態だった。しかし、彼は当地が観音浄土だと思った。『金峰山補陀落院観音寺縁起』（『琉球国由来記』）には、金武の海岸を「北方に向へば、蓬莱《ほうらい》に似たり、富登嶽《ぷーとだけ》（ブート）有り、……前に大湖有り、池原《いちばる》と名づく」と表記し、『華厳経』などが説く補陀落世界との類似的景観を記述している。日秀はさっそく観音堂を建てた。現今の金武町観音寺である。

日秀は謎の人物である。一説に彼は加賀国の出自というが、上野国が正しい。大明嘉靖二十三年（一五四四）那覇波上山護国寺・波之上宮に安置した熊野三所権現の本地仏銘には「日本上野国住侶渡海行者」と宣言している。また日秀が漂着した以降は豊作であったといい、民謡「神人来る、富蔵の水清し、神人遊ぶ、白砂、米に化す」と唄われた。よって金武海岸は富花《ふっか》

（福花）とも呼ばれた。今の億首川《おくくびがわ》の河口である。

日秀の活動は島民に響き渡り、やがて彼の名声は国王・中山王の耳元に届いた。国王は日秀を那覇に招聘、参内を許し、沖寺（臨海寺）、波上権現社を拠点とした本格的な日秀の寺社再興活動が始まることになる。

日秀上人の縁起には数本ある。『開山日秀上人行状記』（東京大学史料編纂所蔵『神社調』）は古態性をもっている。だが日秀渡海の出帆地が熊野那智であるとは語らない。唯一、那智出帆説を記すのは『慶長見聞録案紙』であり、それを引用した国学者・伴信友の『中外経緯伝草稿』のみである。熊野と琉球を結ぶルートが明るみに出るようになった。

琉球での日秀の活動は多岐にわたり、各地に遺跡、記録、伝承がある。なかでも妖怪退治のため「金剛経」を小石に写し山中に埋めたという。『球陽』に「碑石に金剛嶺三字有り」、『琉球国旧記』にも「経塚……碑石に大書の金剛嶺三字有り」とある。これが浦添市に現存する六段石組みの経塚塔である。

補陀落渡海僧・日秀は琉球を離れ、薩摩国に渡った。多くの日秀上人縁起は、彼の琉球滞在期間を三年とする。しかし、文献、遺跡銘を総合的に検証すると、三年滞在説と合致しない。縁起が説く三年間とは、那覇波上権現社滞在期間であり、琉球における全ての滞在年数ではない、と私は考えている。

日秀が薩摩国に上陸した最初の場所は坊津である。やがて彼は島津氏の庇護を受け祈祷僧となり、大隅正八幡宮（鹿児島神宮）を復興する。そして、山陵に三光院（現・日秀神社）を建立し、天正五年（一五七七）入定し続けていた石室内で没した。

「三光院」とは那覇波上権現社の別称である。また三光院への参道を古老たちは「通堂《とんどう》」と伝える。通堂とはまた、那覇埠頭の地名でもあった。日秀が終焉を迎えた霧島市隼人町三光院周辺は、実に那覇そのものの景観であった。日秀上人の生涯には、熊野那智から補陀落渡海した琉球体験が根底に貫通していたのである。

〈史料〉

■『**日秀上人縁起**』（鹿児島県霧島市隼人町・日秀神社蔵）

釋日秀上人は、世姓加賀國太守富樫の一子なり。歳十九にして、一人を殺害、逆縁に依つて、懺悔の心、日に増し、無常の志、夜に長ず。菩提の大願を發し、解脱の大道を願ひ、密かに殿中に忍ひ、城外に退き畢ぬ。父母驚き悲しみ、東西に馳せ走り、尋ね求むるも由無し。或は堂社天上に隠れ、或は山林樹下に隠れ、竟に逢ふ者無し。上人幸ひにして、國中を出て高野山に登り、一師を頼みて遂に髪を剃り、俗衣を換ふ。世に曰く、恰かも悉達の出家に似たりと。發心勇猛、修行精進して、終に密法の奥旨を受け、両部の源底を極む。或る時、娑婆界を去り、補陀洛に到らんことを願ひ、一扁舟を求め、海上に泛ぶ。唯、風波に任せて流れること悠悠たり。南海に於いて舟底の櫼抜けるも、少しも水入ることを得ず。晝夜止まらずして南に向ひ流る。竟に琉球國に着く。國王或る夜に夢む、日本國より貴僧一人、沓に乗りて来たる。是れ誠の生身仏なりと。此の夢に依つて、津湊の居人相ひ待つ。歳は次る永禄元亀の間か、然して那覇の津に無櫓の扁舟、僧一人乗りて来たる。勅有りて臨海寺に入る（亦沖寺と号す）。而して後、上人をして参内せしむ、王曰く、朕願はくは、和尚をして長く吾國に留め、萬民を化せしめんと。勅に應じて留滞すること三年、上人居住の勝地を浪上権現の畔に覓む、崎嶇巖有て哨壁の如し。半腹に平地有りて草廬を結ぶ。禽も翅を絶ち獣も足を断つ。茲に存つて、上は一人より下は萬民に至るまで、上人に帰服せざる無きなり。上人亦た日来、我れ本朝に歸り、破壊の佛閣伽藍を建立せんことを念願す。此の願ひに依つて暇を乞ひ歸國を催し、舩を坊津に寄す。一乗院に三重塔を建て、手づから五佛の像を彫刻し、塔内に安置す。隅州宮内に到り、正護寺を建つ。其の比、八幡宮焼失して未だ再営すること能はず。上人これを歎き、悉く末社小堂に至るまで、これを再興す。其の次に三光院を建て求聞持堂を造る。数箇度を以て聞持の秘法を行す。大門より寺院道路の左右に至るまで、手づから彫れる石佛を并び立てり。又、千手観音の像を刻むに一刀三礼し、持佛堂に安置す。而して後、彼の尊者入定し、前の三州太守義久公の守本尊として之を捧ぐ。慶長十四年の比、五峯山金剛寺に本堂を建立し、彼の尊を安す。今にこれ存り。入定の事、三光院の丑寅の方に當りに、岸上の平地に方一間の定を立て、定中に石座を布く。四壁は外より塗り籠め四十九院を打つ。定の東に方二寸の圓窓有り、明星を拝せんが為なり。定中に於て三箇年存し、種々の不思議の事これ有り。勝げて計ふべからず。世俗の言ひ傳へこれ多く、信心深厚の人、室内より供物を献じ、其の後、詣れば則ち、必ず直に一礼の詞を演ぶ。亦た上人の弟子等、廟前に跪き讀經を作せば、則ち定中より同音連経これ有り、聞説、平生の聲に違ふこと無し。而して相ひ丁る三年の秋九月二十有四日、讀經の音断絶す。弟子等悲しみ聲を揚て叩けど、寂として鐘谷是れに應ずること無し。九月二十四日を以て入寂の日と為す。然して後、寒暑漸く送り来りて、寛永年中、不意の天火起き、寺院炎焼す。寺と定との間、纔に一間計り有り。定室の軒上に雲霧覆ひ、雨あらずして軒上より水滴落つ。卒然として商羊の舞かと疑ふ。これに依り定室焼くること能はず。奇なるかな、妙なるかな、仰ぐべし、信ずべし。

智積院中西國衆徒等謹疏

■『金峰山補陀落院観音寺縁起』(『琉球国由来記』収載)

南贍部州中山国、金武郡金武村、金峰山三所大権現は、弥陀・薬師・正観音なり。日秀上人自ずから作る。開基を案ずるに、封尚清聖主の御宇、嘉靖年中、日域比丘日秀上人、三密を修行し、終にして補陀落山に趣かんと欲し、五點般若に随ひ、前期無く彼郡中富花津に到る。上人自ら心を安んじ、歎じて曰く。誠に補陀落山為るを知んぬ。又何くの所へ行きて、之を求めんや、留錫安住せん。幸いなる哉、此の地霊なり。此（北ヵ）方に向へば、蓬莱に似たり、富登嶽有り、衆峰羅立して、児孫に似たり。前に大湖有り、池原と名づく。日に塵垢を洗ひ、般若の船浮かぶ。松樹竹塢の月、三轉四徳の圃(その)を照らし、実相実有の春花、幽窓を開く。自性本有、造化現ぜらること無く、峒窟窮わること無し。按ずるに、天に一門有り。人力の及ぶ所にあらず。霊跡挙げて数ふからず、霊現挙げて説くべからず。大悲呼べば応有り。此の洞は、龍宮千万里、誰か根源を知らん哉。上人爰に彼三尊を刻み、宮を建て、権現の正体を崇め奉るなり（原漢文）。

■『中山伝信録』（徐葆光著）

神人が来て、富蔵の水清く、神人が遊び、白砂は米になる

第3章
聖地巡りとしての世界遺産

道の世界遺産　熊野古道

＊熊野古道のコスモロジー——浄土としての熊野へ

須藤　義人

文化遺産としての「熊野古道」

発表させていただくテーマは、「熊野古道のコスモロジー」です。〈コスモロジー〉とは〈世界観〉を意味していますが、何だか難しいイメージを持たれるかもしれません。まず、「熊野古道」にはどういう世界観があって、古代・中世から人々がどのようなことを思い描きながらこの地を訪れたのか…。そして現代はどうなのか…というような話に繋げていきたいと思います。特に、〈浄土としての熊野〉に日本人が惹かれつづけ、「熊野権現信仰」や「熊野三山」が成立していった過程を見ていきたいと思います。

ちなみに「世界遺産」というのは、ユネスコが指定したもので、〈文化遺産〉〈自然遺産〉〈複合遺産〉がありますが、熊野に関しては二〇〇四年に指定されました。熊野古道の世界遺産の指定名が「紀伊山地の霊場と参詣道」で登録されておりますが、スペイン・フランスのサンティアゴへの道、つまり「サンティアゴ・デ・コンポステーラの巡礼路」に続き、世界で二例目となります。熊野の世界遺産の特徴は、まず面積の広さが挙げられます。一万二〇〇〇ヘクタールもあり、和歌山・奈良・三重の三県にまたがっています。二十九町村がその中にあって、非常に広大な世界遺産であると言えます。この遺産を守るために、「コアゾーン」と言われているエリアがあります。要するに、世界遺産の対象となる資産がある区域が設定されているのです。さらには、その周辺の景観や環境を保護する区域があります。それを緩衝地帯、つまり「バッファゾーン」と呼びます。世界遺産の周辺地域まで、くまなく保存しなければいけない…ということで、「熊野古道」の保護地域は非常に広範囲に渡っているのです。先の事例として、富士山を世界遺産として登録するか否かという話も出ていました。しかし富士山は、結局のところ〈自然遺産〉での登録は無理であり、〈文化遺産〉として登録しよう…という動きになっています。そういった文化政策上のいろいろな駆け引きとかがあって、〈文化遺産〉〈自然遺産〉〈複合遺産〉と決まっていくわけですが、「熊野古道」に関しては、〈自然遺産〉の要素もありながら、〈文化遺産〉という面がクローズアップされた…ということが重要であ

熊野古道

ると思います。

〈文化遺産〉として、「熊野古道」という聖域は、どういう歴史を辿ってきたのか…。そして、どういう風に「熊野」という概念が出来上がっていったのか…を遡ってみることに意義があります。もともとは、「熊野三山」という概念が出来る前は、「熊野二社」と捉えられていました。「本宮大社」と「速玉大社」の二社だけだったのです。「速玉大社」のある新宮と、「那智大社」のある那智は、「二宇社也《にうのやしろなり》」と記されていました。両社は一〇八三年に分離するまで、一社と数えられていたのです。したがって「那智大社」という聖地は、最初は三山のうちの一つではなかったんですね。「二宇社也」とは夫婦関係を模していて、「両所権現」として崇められました。夫としての「熊野速玉大神」（新宮）と、妻としての「熊野夫須美大神」（那智）は、二社で一心同体と見なされていたわけです。中世の浄土信仰とともに体制として出来上がってきて、今の「熊野三山」へと発展していきました。古くは孝徳天皇の在位（六四五年〜六五四年）のときに、熊野国が紀伊国に編入されます。そして「牟婁郡《むろぐん》」という名称で、非常に広い範囲を指すことになりました。

熊野の自然

「熊野」は、紀伊山地のある紀伊半島の東側に位置しています。そこに押し寄せる「熊野灘」や、「熊野水軍」でも知られているとおり、海に恵まれた地域としても有名です。また、晴れた日に「熊野灘」を見ることのできる「玉置山」は、熊野の奥地にあります。この山は修験道では有名な霊峰で、玉置神社という社が山頂付近にあります。そこから見た紀伊山脈は美しく、山なみが延々と連なっていて、「果無山脈《はてなしさんみゃく》」と呼ばれていました。ここに雲海が見えますが、「熊野本宮大社」は窪地にあって、雲の陰に隠れています。「熊野灘」を彼方にうっすらと望むことができる…と言われていますが、僕はこの場所から自分の眼で見たことはありません。尾根伝いに、熊野の修験者たちが歩いていく道でもありました。そして、終着地点の那智大社に至る道で、最後の上り坂である「大門坂」には、今も古道らしい雰囲気が漂っています。この辺りは世界遺産の保全事業として整備されていて、石畳は非常に丁寧に修復されています。

また熊野は、紀伊山系によって非常に水に恵まれた場所ですが、大水害の多い場所でもあったわけです。ここには「大台ヶ原」という山地があり、標高一〇〇〇から一六〇〇メートルの山々が連なっています。この地帯では、年間で五〇〇〇ミリ程度の降水量があります。世界でもトップクラスの降水量です。二〇一一年の台風十二号の大水害のときには、三日間で一八〇〇ミリを記録したということですから、山頂付近から一気に雨水が川となって、怒涛のごとく下界に落ちていくという感じだったわけです。この川の流れは、主に三つに分かれ、伊勢方面に宮川に下ったり、熊野方面に熊野川へと下ったり、もしくは吉野川をへて紀ノ川となって流れていきます。この分水嶺は水ガメでもあり、例えば、丸山の千枚田を潤すほどに水源に恵まれた場所でもあるわけです。この「大台ヶ原」から少し北上しますと、神聖な山があって「山上ヶ岳」と呼ばれています。「大峯奥駈道《おおみねおくがけみち》」という巡礼道が通っており、修験者たちが修行する聖域となっています。「役小角《えんのおづぬ》」は修験者の泰斗と言われていますが、彼はここで開眼したと伝えられています。この麓には「洞川峡《どろがわきょう》」という温泉町があり、修験者たちが宿坊として泊ったりして、山へと入って行きました。山道の入り口には、〈女人禁制〉の結界もあります。

特に日本（ヤマト）の文化においては、山の神は女性の神が祀られていることが多いわけです。例えば東北地方では、岩手県の早池峰山という霊山があり、〈瀬織津姫〉が祀られています。〈瀬織津姫〉というのは、古代の蝦夷《えみし》の女神であり、母神であったとも伝えられています。やはり山という存在自体が、〈母性〉〈女性性〉の象徴であったわけです。したがって、女性が山に入ると嫉妬するので良くない…と言われ続け、かつての修験道では男性だけが入ることが許されていきました。

大和朝廷の都を辿れば、飛鳥、藤原京、平城京、平安京と国軸が変わっていきました。いずれの都にしても奈良・京都の盆地から見れば、熊野の地は山々を越えた幽谷にあり、異世界として認識されていたわけです。如何に想像されたのかというと〈死の世界〉であった…と言えます。熊野は、神霊のこもる「隠国《こもりく》」とされ、神のこもり坐ます場所でもあり、死者の魂の集まる場所とも考えられていました。『日本書紀』の一書には、イザナミノミコトが熊野に葬られたとの記述もあります。このように、記紀神話にも出てくるとおり、「根の堅洲国」「黄泉国」の伝承が交錯する場所でもありました。例えば、スサノオノミコトは、母であるイザナミノミコトが死んでしまったときに、「逢いたい、逢いたい」と哭き叫び、〈熊成峯《くまなりたけ》〉から「妣《はは》の国」である〈根国〉に入った…と言われています。谷川健一氏に拠れば、〈熊成峯〉とは「クマノ」の語源であるとされています。また、〈紀伊〉というのは「木の国」でもあり、音霊《おとだま》を掛けている…とも解釈されています。日本語（ヤマトグチ）では、そういった言葉の音を重層的に掛けることによって、その言葉に〈言霊〉を宿らせる…ということがあるわけです。

五つの参詣路

ところで熊野を東南方向から鳥瞰すると、紀伊半島全体が巡礼道のネットワークで繋がっていることが分かります。左上の遥か遠方に大阪を望むことができ、右上に名古屋が見えます。手前の一番海に近くにある町が新宮市で、その山際には「熊野速玉大社」が鎮座しています。そして少し西側に「熊野那智大社」があり、那智の大滝がうっすらと見えます。その奥にある川の中流には、「熊野本宮大社」があります。これらの三社が一つになって〈熊野三山〉となり、〈熊野権現信仰〉の中心地となりました。この三山を繋ぐ参詣道は、〈五つほど〉あります。なぜ、〈五つほど〉という表現をしたのかと言えば、熊野古道には、大きな五つの巡礼道の他にも、「北山街道」「十津川街道」などの別れ道があります。この三山をつなぐネットワークは、吉葉脈のように張り巡らされているわけです。特に、熊野と並んで重要な拠点であったのが、吉野山、大峯山系、そして高野山であり、そういった霊場を繋ぐ道でもあるわけですね。

五つの参詣路の全体像を見ていくと、熊野古道への巡礼路は「紀伊路《きいじ》」が一般的なルートでした。京都から淀川を下って、大阪の天満橋から歩きはじめます。紀州を海沿いに辿って、田辺から「中辺路《なかへじ》」の山道へと入ります。そして「熊野本宮大社」に参拝して、熊野川を舟で下り、「熊野速玉大社」に詣でました。さらに海岸沿いを南へと進んで、那智大社に行って参拝しました。大抵の場合は、また逆に新宮へと戻って、最後は「熊野本宮大社」に再び参詣して帰る…というのが、中世の熊野詣では一般的でした。もしくは、那智の背後の妙法山を登り、大雲取越えや小雲取越えの険しい道を進むこともありました。

アマテラス大神が祀られている伊勢神宮からの道もあり、伊勢から熊野へと結ぶルートが「伊勢路」でした。二つの聖地を繋ぐ行程は、確かに距離もありましたが、「広大慈悲の道なれば　紀路も伊勢路も遠からず」(『梁塵秘抄』)と親しまれました。中世の民衆にとっては、やはり「紀伊路」、もしくは「紀路」と呼ばれている参詣道に利便性があり、最も往来が盛んでした。そして「大辺路」は、田辺から紀伊半島の南端を通って、海岸沿いに那智の浜へと向かいます。非常に風光明媚な道筋で、海風に吹かれながら歩くには適していました。ところが大回りなので、時間がかかりました。巡礼の往復には、早くても二十日ほどかかり、大体、一カ月は考えないといけない…と言われています。それゆえ、時間に限りがある民衆たちは、なるべく「中辺路」を通るようにしました。さらに信仰深い人にとっては、真言宗の総本山であり、空海の開いた聖域「高野山」を詣でてから、「小辺路」を通って行く…というルートもあったわけです。

「熊野本宮参詣曼荼羅」

「大台ヶ原」に話を戻しますが、この山域は川が生れいずる場所というか、年間降水量が非常に高いところでした。紀伊山地から降雨が流れだし、二〇一一年の大水害では、「熊野本宮大社」も「熊野那智大社」も甚大な被害を受けました。とくに「熊野那智大社」は裏山が崩れ、本殿の中に土砂が入りこんでしまいました。こういった被害が出てきたのは、実を言うと、近世になってからである…と言われています。それまでは、熊野川が荒れたとしても、本殿に至るまで被害が出てはいなかったのです。一八八九年（明治二十二年）の大水害は凄まじく、熊野川、音無川、岩田川の三つの川が濁流となって押し寄せました。「熊野本宮大社」は、三つの川が合流する中州にあったため、ほとんどが流されてしまいました。現在の社殿は、流出を免れた上四社を移築し、近くの高台に遷座したものです。それまでは、このような被害は無かったのですが、この被災を経験したあとは、本殿を避難せざるを得なかったのです。その原因

熊野本宮大社絵図

としては、明治時代になって、上流域で、急激な森林伐採が行われたことが影響している…と言われています。今でこそ、熊野川の上流となる十津川にはダムがあり、水量を調整しているので、大災害は起こったことはなかったのです。ところが、この間のように、ダムも決壊するほどの危険な状況になってしまうと、放水せざるを得ないのです。ニュース映像でも再三放映されてましたけれども、新宮市に至る熊野川の河口付近は、泥水の濁流となっていました。

このように水害の経験をもつ「熊野本宮大社」なんですが、「参詣曼荼羅」には、中州に鎮座する原風景が描かれています。これは「熊野本宮参詣曼荼羅」と名付けられ、二〇〇四年に世界遺産に指定されてから作成されたものなんです。もともとは「那智参詣曼荼羅」だけしか存在しないのですが、「熊野本宮大社」の往年の姿をイメージして、もし「参詣曼荼羅」が作られていたら如何なるものか…ということで再現されたのです。まず〈大斎原《おおゆのはら》〉が中心にあって、中州には大きな証誠殿があるという構図が分かります。この図像を見ていくと、卵の形をした中州があって、熊野川が右側を、音無川が左側を流れて合流している風景が描かれています。〈大斎原〉は「浮宝《うくたから》」と記され、船にも見立てられました。船の素材にもなった樹木の神が坐ます社として、篤く信仰されていたのです。

そして、右上の彼方には玉置神社があります。玉置山の上から雲海が広がった風景は、冒頭でも紹介いたしました。山々の連なりが巡礼道を繋いでいて、熊野を「三千六百峰」と言わしめる景色が一望できます。現在、「熊野本宮大社」の社殿は、〈祓戸王子〉の手前の小山に移されました。そして、この山は「船玉山《せんぎょくざん》」とも呼ばれます。音無川の上流にある〈発心門王子〉の近くにも、「船玉山」があります。なぜ、「船玉山」と言うのでしょうか…。熊野三山に共通している信仰は、面白いことに〈豊漁祈願〉なんです。皆さんは、どうして、山奥の神社でさえも〈豊漁祈願〉の信仰対象となっているのか…という気がするかもしれません。これは非常に重要なことなんです。なぜなら漁民にとって、山影や島影が灯台となるからです。沖縄の「ウミンチュ」(海人)も島影を目視しながら、海洋を移動していました。もちろん、大海原では「スター・ナビゲーション」を使っており、昔の近海漁と遠洋漁の操船には欠かせない智恵でした。熊野の漁民たちも「山だて」と言って、山のかたちを見て船の位置を確認し、海を駆けめぐっていました。山から急に海になるような地形の多い熊野では、山と海を重ね合わせる自然信仰が根づいていても不思議はありません。だからこそ、熊野三山では〈豊漁祈願〉の旗を入手することができるのです。熊野の山奥で、「奥ノ院」とも言われている玉置神社でも、大漁旗を手に入れることができます。このように、山と海への信仰がダイレクトに結び付いているのが、「熊野権現信仰」の特徴とも言えるでしょう。

「熊野本宮大社」の中州の森を、卵の形や船の形をしている…と言う人もいます。この青々と茂った森を〈大斎原《おおゆのはら》〉と呼んでいます。ここは、大きな斎場であった…ということが言えると思います。中世の参拝者たちは、中州の本宮大社を目の前にして、〈発心門王子〉という祠にお参りすることで緊張感を高めます。ちなみに「王子」とは何かと言いますと、熊野の古道に沿って、道筋を導いてくれる熊野権現の使者が祀られている祠です。それが全部で九十九ヵ所あると言われ、「熊野九十九王子」と呼ばれています。大阪の天満橋近くの〈窪津王子《くぼつおうじ》〉から始まって、片道が約三〇〇キロメートルの巡礼道が続きます。その道中に、「王子」は九十九ヵ所に配置されているのですが、正式には一〇〇ヵ所以上あります。「九十九」という表現は〈非常に多い〉という意味合いで使われているのです。

熊野本宮大社

「蟻の熊野詣」と呼ばれるほど、多くの庶民が死出の旅路を歩んでいきました。その九十九ヵ所の終盤に至って、〈発心門王子〉に参り、「仏法に従って仏の道を歩み、悟りの道へ赴く」という決心をします。参詣者は、内なる〈仏性〉を一念発起することで、「熊野本宮大社」につづく道を歩きつつ、心身を潔斎していったのです。続いて、〈水呑王子〉と〈祓戸王子〉にお参りをしてから、遂には水無川のほとりに辿り着きます。この川の冷水で裸足のまま禊をします。ただし、「熊野本宮大社」の参拝奉幣は夜にするので、昼間は足下を濡らして礼拝だけをします。近くに「湯の峯温泉」があるのですが、そこに戻って湯につかり、心身を清めていました。温泉で心身を清めることを「湯垢離《ゆごり》」と言いますが、長旅の垢を落とします。潔斎の後で、夜にもう一回参拝し、榊を捧げて奉拝するのです。これが中世流の作法でした。

　平安末期、鳥羽上皇や後白河法皇、後鳥羽上皇は世の儚さを憂い、熊野詣を繰りかえしました。とりわけ、後白河法皇は三十四回、後鳥羽上皇は三十一回も訪れ、多くの皇族や貴族たちと共に丁寧に潔斎をしていました。その案内をした人たちが、「熊野先達」と呼ばれている修験者たちでした。熊野古道における利権は、「熊野別当《くまのべっとう》」として、彼らに委ねられていました。参拝の作法や、祈祷の方法を全て教えたりしているわけですね。熊野参詣者の安全を確保し、巡礼の際の儀式を導く先達には、修行を積んだ山伏たちがあたりました。

「熊野本宮大社」の本殿には、〈証誠殿〉が中心にあり、「熊野家津御子大神」が祀られていて、「スサノオノミコト」と同一視されています。また「国之立尊《クニトコタチノミコト》」も祀られ、イザナギとイザナミより前に登場して国造りをした神さまも、熊野権現と同一視されて祀られているのです。さらに重要なのが、「阿弥陀如来」を祀っていることです。これは「熊野権現信仰」においては非常に重要であり、神仏習合の形が取られています。現世では神が降臨するけれども、神よりも仏の方が解脱の道を究めている…という発想が根底にあります。これは「本地垂迹説《ほんじすいじゃくせつ》」とも言います。この宗教観が如何なるものかと言いますと、仏の使者として神がいる……という思想です。例えば、「熊野家津御子大神」は「スサノオミコト」でもありますが、本質的には「阿弥陀如来」である…という解釈です。「阿弥陀如来」が遣わして神像になっているわけです。平安時代になって、熊野の神々は仏名を配されて、神仏が一体化しました。つまり、神々はそのままで姿を俗世に現すことができないので、仮に仏の姿をして現れる……という権現思想が定着していったのです。

「熊野本宮大社」の大鳥居は新しいものですが、中州にある大斎原の入り口に聳え立っています。この奥の森には、ひっそりと眠っている社の跡があります。すべての神さまの御霊は、現在の本殿に移されているわけではなく、下社に鎮座する御霊は、今も〈大斎原〉に祀られているのです。

「新宮参詣曼荼羅」

「熊野速玉大社」の境内は、朱色で美しく彩られています。「熊野本宮大社」から川下りをして、この境内へと辿り着き、神前にて参拝をします。昔の人は舟で川を進み、新宮までの三七キロメートルの道のりを下っていきました。「熊野速玉大社」は、今の新宮市の奥に位置しています。「新宮参詣曼荼羅」を見れば、速玉大社が中心に大きく描かれているのが分かります。

現在、市街地を左右にＪＲ線が横切って走っていて、繁華街が大社側にあります。この「新宮参詣曼荼羅」には、速玉大社の本殿の様子が鮮明に描かれ、右側に「御船祭り」の舟がぐるぐる回っている風景が見られます。沖縄で言えば、「ハーリー」（爬竜舟）の姿と重なります。「ハーリー」の競漕儀礼と同じようなことが、新宮では行われていて、熊野川の河口付近から競漕をして、〈御船島〉を三回巡って、〈御旅所〉の近くに着岸するのです。これは「御船祭り」と呼ばれています。沖縄の「ハーリー」とも関係性があるんじゃないか…と指摘しているのが、桜井満氏の論考「熊野地方の船祭」です。

もともと「熊野速玉大社」のご本尊は、神倉山の〈ゴトビキ岩〉であると言われてきました。『古事記』には神武天皇の東征について、「熊野神邑に至り、天ノ岩楯に登る」と記述されています。この〈天ノ岩楯〉こそ、神倉山でした。神道の神官が「大祓詞《おおはらいののりと》」を奏上しますけれども、そのときに出てくる言葉が〈天の磐座《いわくら》〉です。「磐根　樹根立草の片葉をも語止めて　天の磐座放ち　天の八重雲を　伊頭の千別きに千別きて　天降し依さし奉りき」という一節があります。〈天の磐座〉は、神倉山の中腹に、〈ヒキガエル〉の形をした巨大な霊石を指しています。熊野では巨石信仰というか、磐座信仰が根づいていて、その聖石に様々な神々が宿っていると信じられていたのです。ここに降り立った神々が、新宮の「熊野速玉大社」に遷座した…とも言われています。では、「熊野速玉大社」では、どういう神さまが祀られているのかというと、「熊野速玉大神」と呼ばれる神が鎮座しています。別名では「イザナギノミコト」が祀られているのです。仏性にすれば、「薬師如来」と言われ、現世の人々の全てのものを救い上げる仏が祀られています。

新宮市内には、摂社である「阿須賀神社」があります。熊野川の河口近くに〈蓬莱山〉と呼ばれる小山があり、その傍に鎮座しています。〈蓬莱山〉は徐福伝説にまつわる場所で、それを記念した徐福公園もあります。始皇帝が遣わした徐福が、〈不老不死の薬〉を探しに東方に向かい、その後帰って来なかったという説話です。その後、徐福はどこに行ったのでしょうか…。諸説がありますが、新宮には徐福伝説が残っているのです。「新宮参詣曼荼羅」にも、徐福が海から来訪した姿が描かれています。

三本足の〈八咫烏《ヤタガラス》〉は速玉大社のシンボルでもあり、若者にも有名です。日本サッカー協会では日本代表のエンブレムとなり、勝利を導く象徴として信仰されています。「神倭磐余彦命《カムヤマトイワレビコノミコト》」は神倉山に上陸し、八咫烏の導きで橿原の地につき、大和を平定しました。したがって、熊野から吉野へ向かう奥駈道を「順峯《じゅんぶ》」というのは、その名残であると考えられます。

ところで、「熊野速玉大社」では、〈梛《なぎ》〉の木が信仰されています。昔より熊野詣では、〈梛〉の苗木をお守りとして持ち帰っていました。魔よけの意味もあります。梛は縦に

熊野速玉大社

走る葉脈をもち、葉が割けないことから、男女の縁をつなぐお守りとされてきたのです。平清盛の子である重盛が、境内に梛の木を植えた…と伝えられています。今では、二〇メートルを越える御神木になっています。一〇〇〇年近くの年輪を重ね、いまは根を蝕まれつつあります。

「御船祭り」に話を戻しますが、毎年、十月十六日に行われ、九隻の早船が熊野川で競漕します。朱塗りの厳かな船を「神幸船」と言います。神の御霊を載せた船なんです。それを引っ張るのは「熊野諸手船《くまのもろたぶね》」です。この諸手船の先頭にいる人が、赤い女装した〈アタガイウチ〉です。この人が「ハリハリショー」と叫びながら、櫂を捌いて踊ります。櫂捌きを見せる所作を繰り返すのです。このときに「ハリハリ」と叫ぶのは、「帆を張った船よ、早く行け」というような意味であると言われています。この「ハリハリ」と、沖縄の「ハーリー」の語源がもしかしたら関係あるのではないか…と指摘する研究者がいることは先に触れたとおりです。神幸船に乗った「御霊」を移動して、〈御旅所〉というところで、一晩お泊まりいただく…というような儀式が行われます。〈御旅所〉でご神体を祀るころには、すっかりカラスも寝静まり、夜が深まっていきます。

「那智参詣曼荼羅」

「熊野那智大社」には、「那智参詣曼荼羅」が残されており、那智大滝が大きく描かれ、右下に「補陀洛山寺」も見ることができます。ここは非常に有名な寺院で、熊野と琉球との繋がりがある場所と言われています。琉球八社のうち、七社が熊野権現を勧請しているからです。つ

補陀落渡海船

熊野権現を祀る琉球一之宮
波上宮

まり安里八幡宮を除いて、波上宮、沖宮、普天間宮、識名宮、末吉宮、天久宮、金武宮の七社は、熊野の神さまを祀っているのです。このような縁起がなぜ生まれたのか…というと、「補陀落渡海」という海上信仰のためです。僧侶が死を覚悟して極楽浄土に旅立ち、海の彼方に葬送される…。その発祥となる寺院こそが「補陀洛山寺」だったんですね。沖縄本島の金武に着いた「日秀上人」も、「補陀落渡海」によって、熊野から琉球へと流れ着いたと言われています。上人が直接漂流してきたとは考えにくいですが、黒潮の反流にそって南へと流れつき、海の民に助けられ、鹿児島から渡って来た可能性はあります。〈補陀洛〉は『華厳経』ではインドの南端に位置するとされ、ダライ・ラマの宮殿が「ポタラ宮」と呼ばれるのも、これに由来しています。

〈補陀落渡海船〉には四方に鳥居が建っており、「発心門」「修行門」「菩薩門」「涅槃門」の死出の四門を表しています。仏道で悟りを深め、最後に死ぬまでの境地を示しているのです。船上に造られた屋形には、扉がありません。屋形に渡海僧が入ると、出入り口を板でふさぎ、外から釘を打ちつけるのです。平安・鎌倉時代を通じて、六名が渡海したとも言われています。さらに戦国時代になると六十年で、九名もの渡海者が現れたということです。

この曼荼羅には、那智大社の辺りに〈御木曳き〉の風景もありますが、これは神社仏閣を建て直すための儀式です。信州の諏訪大社の「御柱祭」は同系列の祭祀ですが、大変有名ですよね。その近くには、那智大社のご神体である大滝を祀る「飛瀧神社」もあります。ご神体が滝全体であるというのは、非常にアニミスティックな神社であると言えます。とにかく那智大滝は圧巻で、一三三メートルの高低差があります。「熊野那智大社」の境内から滝を眺めると、赤くそびえた三重の塔があり、天空の宗教都市が広がっているような錯覚に陥ります。大滝が流れ落ちる岸壁には、結界の注連縄が張られ、もっとも神聖な場所として扱われています。曼荼羅で滝壺の辺りに描かれているのが、「聞覚上人」です。昔は武士でしたが、人を殺めることから逃れようと改心して、荒行事を行い、童子たちに救われた…という図です。

熊野那智大社

那智大社に隣接して「青岸渡寺」があり、〈補陀落渡海船〉がある「補陀洛山寺」と住職を兼務しています。いまは、高木亮英さんがご住職になられています。ご本尊である千手観音菩薩は、那智大社の主神「熊野夫須美大神」の仏性である…と言われてきました。また、「裸《ら》行上人《ぎょうしょうにん》」が大滝の滝壺で修行の末に、金製の観音菩薩像を見つけ、「青岸渡寺」に安置したと伝えられています。この寺院は、仁徳天皇の時代（四世紀）に、天竺（インド）から渡来した「裸形上人」によって建てられました。その後、推古天皇の時代に、大和からきた「生仏上人《しょうぶつしょうにん》」が伽藍を作りました。彼は大木で如意輪観音像を彫って、この中に金の観音菩薩像を胎内仏として納めた…と言われています。史実的な根拠はともかく、「裸行上人」の姿はインドを思わせ、ガンジス川のほとりで死を待つ修行僧に思えませんか…。彼が建立した「青岸渡寺」は、西国三十三ヵ所の一番の札所として、今も穏やかな懐かしさを醸し出しています。このように那智大滝は、古代から自然信仰の場として開けていたのです。

「熊野那智大社」には、ご神木の楠があって、本殿のすぐ脇に根づいています。先の災害で土砂が押し寄せましたが、この大木は無事でした。境内の中には、〈八咫烏〉を祀り、「賀茂建《かもたけ》角身命《つのみのみこと》」として崇める摂社もあります。〈八咫烏〉は、「賀茂御祖神社」（京都の下鴨神社）で祀られている「賀茂建角身命」の化身である……と伝えられています。その三本足の烏の神が「神倭磐余彦命《カムヤマトイワレヒコノミコト》」を先導して、熊野から大和へと深く険しい山越えを案内したわけです。後に「磐余彦尊」は神武天皇となりますが、初代天皇を導いた〈八咫烏〉は那智大社に戻り、「烏石」になったそうです。境内の裏には、その石が今も残されています。

「熊野観心十界曼荼羅」

「熊野観心十界曼荼羅」では、人の一生が描かれています。人は鳥居をくぐって、生まれ育まれ、老いて病になって、死に至る…というプロセスが描かれています。その後、犬とかに死体を食われて、閻魔大王の前で審判を下され、修羅の道があって殺し合い、地獄の血の海につかって苦しみます。そういった苦悩の中で〈輪廻転生〉を繰りかえし、「六道」をぐるぐる回る運命にある…という教えです。この悪循環から解脱するには、仏の道を悟らなければならない…ということを分かりやすく絵で示しています。「熊野大権現」を信じることで、神仏の道を実践し、「六道」から逃れるためにも、熊野三山に詣でなさい…という勧進が始まったわけです。「熊野比丘尼《くまのびくに》」と呼ばれている女性や、熊野山伏が全国で行脚し、熊野信仰の説法に使ったのが「熊野観心十界曼荼羅」なのです。その布教の方法は「絵解き説法」とも言われています。

熊野観心十界曼荼羅

「熊野本宮大社」で有名なのが、一月七日に行われる「八咫烏神事」です。スサノオの別名でもある「牛頭天王《ごずてんのう》」に由来する札が刷りはじめられる神事なのです。この札は「牛王神符《ごおうしんぷ》」とも呼ばれ、あらゆる災いを防ぎ、病を治す護符として信じられています。この裏面を使って、誓約書や起請文を書きます。例えば、赤穂浪士の討ち入りの際には、忠臣蔵の志士たちの誓約書としても使われています。裏切ったら血を吐いて死ぬ……というような信仰があり、畏れ多い「熊野大権現」の力をもって、移ろいやすい人心の約束を確固たるものにしようとしました。浄瑠璃にも「ウソヲツクト熊野ノカラスヌノマスゾ」という節回しがあるほど、民衆に親しまれた護符なのです。

さて、「熊野那智大社」からの遠景に、うっすらと熊野灘を紅潮させる朝日が見えてきました。深山幽谷の切れ間から現れる大海原……。このような大自然を目の当たりにした参拝者たちは、日本人の魂が帰る原郷として、熊野を認識していたのかもしれません。

（第四八四回沖縄大学土曜教養講座「世界遺産・巡礼の路」二〇一一年九月十日）

＊ 日本人の異界をもとめて
―世界遺産・紀伊山地の霊場と参詣道をゆく―

須藤　義人

一、日本人を惹きつけた巡礼道

僕は「伊勢へ七度、熊野へ三度……」という言葉に惹かれていた。

十返舎一九作の滑稽本『東海道中膝栗毛』に、日本人の巡礼について次のようにある。

「さてもわれわれ、伊勢へ七度熊野へ三度、愛宕さまへは月参　信心の厚い大願を起し」

これは、信心の厚い大願を起こして、遠路はるばる旅をする〈民衆の巡礼観〉を表している。

『膝栗毛』は、江戸の町人で男色関係にある弥次郎兵衛と喜多八が、その大願を起こし、東海道を大坂まで行く道中を描いたものである。江戸時代には、「お伊勢七度熊野へ三度、お多賀さまへは月参り」「伊勢へ七度熊野へ三度、芝の愛宕は月参り」といった里謡も流行ったほどであった。

今回の旅は、熊野速玉大社の「梛特別大祭」の取材があり、ひさびさに、高野山、吉野、熊野へ巡礼をすることになった。「満願巡礼」の御礼参りでもあり、ライフワークの研究（宗教哲学・民俗学）の節目の旅ともなった。

二〇〇八年に、伊勢の内宮、外宮、猿田彦神社、二見興玉神社へと赴いた。五十鈴川、御田、二見岩に参拝した。そして、大王岬の波切神社へとぬけ、折口信夫と柳田國男を想った。日本民俗学をひらいた二人は、日本人の魂の原郷を想い、海をへだてた南島へと想いを馳せたのであった。民俗学者たちの想いは、渡海僧が船出した「補陀落」への海道を渡ってゆく。

八百万の神々を祀る日本列島で、宗教的な中心として天照大神を祀った社が、伊勢の皇大神宮（内宮）であった。伊勢は「顕国《うつしくに》」として、陽の聖地として存在した。「常世の国から浪が繰りかえし打ち寄せる、海に寄った美しい国」と言われた。江戸時期には、庶民に「お伊勢さま」「お祓いさま」とも呼ばれ、お伊勢参りが盛んとなった。二十年に一度の「式年遷宮」は、社殿を新しくすることで、一三〇〇年にわたって神道の精神性を伝えている。イワナガヒメのような永遠性、そして、コノハナサクヤヒメのような繁栄性は相矛盾する精神性である。その極致を融和した思想こそが、神道の「式年遷宮」の真髄であると言えよう。ヨーロッパの「石の文化」の永遠性とは異なり、生命の無常に永遠性を見いだした「木の文化」の循環性が軸と

熊野の神々が鎮座する山々

なる。

一方で、熊野は「隠国《こもりく》」と言われ、日本が何かしらの揺らぎのあるとき、為政者たちが参拝に足を運んだ。平安末期、鳥羽上皇や後白河法皇、後鳥羽上皇は世の儚さを憂い、熊野詣を繰りかえした。とりわけ、後白河法皇は三十四回、後鳥羽上皇は三十一回も行幸をしている。「蟻の熊野詣」と呼ばれるほど、多くの庶民が死出の旅路を歩んでいったのである。

「三千六百峯」とも言われる紀伊山地……。その幽谷の連なりの果てに、熊野は存在している。古代から神々の鎮座する地として、日本人に崇められ、修験道の吉野、密教の高野山、そして自然崇拝の熊野が形づくられていった。参詣道である紀伊路、小辺路、中辺路、大辺路、大峯奥駈道、伊勢路は、熊野三山へとつなぐ。人々は異界に誘われるように、熊野本宮大社、熊野速玉大社、熊野那智大社を巡ったのであった。

「熊野」のクマとは、「奥まった処」「隠れたる処」との意があり、そこは「上座」であり「聖」になる地と位置づけられている。すなわち、「クマ」と「カミ」は同じ意味であり、「クマノ」は「カミの野」で神々の鎮座する地と言えよう。

新宮の「御船祭り」で琉球を想い、熊野川に手を合わせ、御船島と御旅所で御霊を見守った。大斎原で中世人に想いをはせ、船玉山で木の国を見すえる。霧深い幽谷に分け入り、玉置神社で熊野の奥ノ院を結んだ。早朝の玉置山頂にて、雲海のかなたに、海を眺める。山と海のあいだ…。熊野川が木の国をつなげてくれる。

巡礼者たちは、一三三メートルの水の糸に、那智大瀧に女体のような艶めかしさを感じる。そして、熊野那智大社で導きの烏と出会い、ふり返って熊野灘に朝日を見る。青岸渡寺に安らぎと懐かしみを覚え、裸行上人の面影を感じる。そこには、いつもは頭で物事を考える現代人が、瞬間的に「感覚の巡礼者」となる気配があった。

「山の熊野」と「海の熊野」は、人々の営みによってつながっている。「山だて」をする漁師たちは、紀伊山脈を目印として、自らのいのちを託したのである。豊漁祈願の旗を求め、熊野三山に参拝する海人もいる。それは、熊野の八百万の神々が円座《わろうだ》になって、人々の過去・未来・現在を見守ってくれている…という信頼感があるからだ。信仰者たちは、熊野速玉大社で過去を見いだし、熊野本宮大社で未来を祈り、熊野那智大社で現世のご利益を願う。苦しい巡礼をへても、民衆が現世の浄土空間をもとめる理由は、熊野の自然が厳しさと優しさの調和していることにあろう。それが男性的な金剛界曼荼羅と、女性的な胎蔵界曼荼羅で描かれ、想像力をかきたてる。大峯奥駈修行の修験とは、その世界観を体験する営みでもあった。悠久の時を、一瞬の存在としての心身に、自ら深く刻むこむ行為でもある。自分自身の立つ位置を確かめ、本来のあるべき姿を取り戻し、よみがえることを実践する。それが熊野詣の真髄である。

二、空海の霊場へ――根来から高野山、そして五条、橿原へ――

岩出市の根来寺へとむかう。高野山へゆく道と並んで、紀ノ川が流れている。

岩出は覚鑁上人が、弘法大師の遺伝子を受け継いだ場所。鉄砲の使い手の雑賀衆が、戦国時代に生まれた。一五四三年、種子島に中国船が漂着し、ポルトガルから鉄砲が伝わった。『鉄砲記』や『鉄砲由緒書』では、津田監物が根来へと鉄砲を持ち帰った…とある。刀鍛冶の芝辻清右衛門が模作して、鉄砲集団が生まれていった。乱世を生きるために、いのちを奪うワザを磨いていったのだった。

ここ岩出には、被差別部落の重い雰囲気が残っている。同和問題の影もちらつく。わが子が差別にさらされることを慮りながら、母たちが赤子に歌った子守唄がある。「根来の子守唄」である。赤子の体温を感じながら、手のひらで拍子をとり、「ねんね根来の……」と歌いかける。安心した赤子は、不安な将来をかき消すように、眠りについていく。

「ねんね根来の　覚ばん山でよ　とうしょう寺来いよの　鳩が鳴くよ」

無心の鳩が、羽柴秀吉に燃やされる根来寺をみて、東照寺に助けをもとめた…という言い伝えでもある。戦乱の時代、覚鑁上人が開いた寺が、灰燼に消えてしまった名残でもあった。

不動信仰が盛んな門前町には、つぎの世代の子どもたちを背負って、母たちに歌い継がれた子守唄があった。いつの時代も、わが子の行く末を憂う女たちが、男たちの営みに振り回されている。

根来寺の白黒の大塔が、高野山の紅白の大塔と好対照をなす。浄土観を伝えるために、真言密教の教義を、目に見える形に表した建物である。四〇メートルの須弥山をかたどった仏塔がそびえたつ。一四九六年（明応五年）に建立されたが、秀吉の紀州征伐の焼き討ちからも守られた。興教大師こと覚鑁上人は、弘法大師からの真言宗のおしえを想い、浄土思想をからめて、不安な民にひろめた。その祈りが、ときの覇世者の横暴から、大塔を守ったのかもしれない。

裏山を背景に、大傳法堂がひっそりと建っている。大日如来、金剛薩埵（普賢王如来）、尊勝仏頂尊が鎮座している。もともと、大傳法堂に由来のある大伝法院は、高野山に立てられた。根来に大伝法院を移して、高野衆徒と一線を画し、新たな教義を打ち立てることに挑んだのである。

阿字の池をかたどった「聖大池」（浄土池）にたたずむ。池にうかぶ聖天堂は、天女のように軽やかに立っている。僧侶が護摩焚をする行者堂が、青々とした木々の合間に見えた。真言密教の根源が受け継がれる場所でもある。境内にある円明寺の落成式には、一一四三年（康治二年）、鳥羽上皇が自らおとずれた。その年の暮れ、覚鑁上人は、円明寺で西方浄土の方をむいて、安らかに旅立っていった。

高野山は、幻霧に覆われた寺院のまちである。「阿字観」の静けさが漂う。ひんやりとした空気を肌に受けながら、大伽藍へとむかう。「伽藍」とはサンスクリット語で、「サンガ・アーラーマ」の音を模したもので、僧侶たちが集う「閑静清浄な場所」を意味する。

八一六年（弘仁七年）に高野山を開山した空海は、修験の盛んな吉野から西に、霊域を見いだして目をつけていた。高い山の上に、突如として現れる平野。朝廷に、真言密教の総本山を開くことを願いでたのであった。この天空の平野こそ、空海は入寂の地として相応しい……と想ったに違いない。

大伽藍の中央には、「三鈷の松」がある。葉が三葉になった珍しい松で、伝説の神木である。密教を修めた空海が、唐から「密教流布の修禅の道場を示したまえ」と願いを掛け、三鈷杵《さんこしょう》を日本に投げた…という。その三鈷杵が掛かったと伝えられる松である。それから、一三〇〇年あまりの歳月が経とうとしている。中門跡では、再建を急いでいる職人たちが、黙々と汗を流していた。

紅白の美しい「根本大塔」は、雄大な須弥山をかたどっている。広大な伽藍の中には、中心に胎蔵界の大日如来が立ち、金剛界の四仏が寄り添う。胎蔵界曼荼羅の世界を立体的に顕している。胎蔵界にいます大日如来の真言「ノウマクサマンダボナダン　アビラウンケン」が、どこからとなく聞こえてくる。

「根本大塔」は五回の焼失と再建を繰りかえしているが、平清盛もその復興に手を貸した。両部曼荼羅は、平清盛が自らの額を割った血で、中尊をえがいた「血曼荼羅」である。熱く煮えたぎるような信仰心によって、平家の性急な膨張をうながしたのであろう。

金堂のずっしりとした重量感は、密教の祈りの深さを思わせる。ここで「結縁灌頂《けちえんかんじょう》」が行われる。仏との縁を結んで「結縁」をはたし、阿闍梨から大日如来の智慧の水を頭に注いでもらうことで「灌頂」をする。つまり、人間の中にある「仏性」へと導き開いてもらう儀式である。仏の心と智慧は、本来私たちの深層に備わっているもの…という思想が、この儀式の根底にあった。

高野山大学は、真言密教の思想を体系的に学ぶことができる大学である。金剛峯寺を望む高台にキャンパスは立っている。スピリチュアルケアを専門とする井上ウィマラ准教授とは以前、那覇市の映画製作事務所でお会いしたことがあった。久々に彼を訪ねたが、不在だった。凍える手をさすりながら置き手紙を書き、拙著『マレビト芸能の発生―琉球と熊野を結ぶ神々』を預けた。後日電話をいただき、密教学科の学生を卒業論文で指導してほしいとの依頼があった。その学生は沖縄出身で、「沖縄のシャーマニズム」を研究テーマとしているという。

「阿字観」を伝授することも、金剛峯寺や高野山大学の役割である。「阿字観」とは、自分自身と大日如来（宇宙）とが一体となる真言宗の瞑想法である。古代インド文字の梵字で書かれた大日如来を表わす「阿」の文字を本尊としている。半目・半跏座《はんかざ》で静かに思いをめぐらす。呼吸を整え、阿字観本尊を心に描いて、宇宙と一つになる体験をめざす。本来、二十七個の珠がつながった数珠は、自分自身を見直すときに、改めて手にとって考える仏具である。仏と人間のつながりを瞑想するときに、手にする道具でもあった。

金剛峯寺は一五九三年（文禄二年）に、関白となった豊臣秀吉が、応其上人に命じて建てさせた。覚鑁上人のつくった根来寺を焼き打ちした為政者が、真言密教の総本山へは崇拝の意を表している。高野衆徒と根来衆徒の間には、深くて暗い川が流れていたと言えよう。

「高野六木《こうやりくぼく》」とよばれるのが、スギ、ヒノキ、モミ、アカマツ、コウヤマキ、ツガである。それらの木々が、霊地をやさしく包み込んできた。大門をぬけ、根本大塔から蛇腹道を通って、金剛峰寺を横目に、宿坊の町なみを歩く。「生者」の世界を感じるのは、ここまでで、「一の橋」からは「死者」の世界である。弘法大師御廟がある「奥之院」へつづく道は、霊域の湿気が漂っている。

夕暮れの霊道を急かされるように歩いていく。スギの森には一本の石畳の道が通り、木々の合い間を埋めるかのように、供養塔が林立している。法然上人や松平一族をはじめ、石田三成や明智光秀のような戦国武将も供養されている。五輪塔は苔むして、雪のように積もっている。清々しさと、おどろおどろしさが漂う静謐な空間である。

御供所で不動明王像に参拝した後、水向地蔵を通りすぎ、御廟橋をわたる。川を見下ろすと、水につかった卒塔婆が整然と立っている。清い流れに身をまかせ、穢れを祓っているかのようでもある。「精進」とは、悪を断って善を行い、つとめに励むということ。卒塔婆までもが「精進」を行っていると思った。

奥之院に入ると、燈籠の火が幻想的に参拝者をもてなす。燈籠堂の正面には、千年近くも燃え続けている…と言われる「消えずの火」があった。弘法大師・空海の眠る地は、権威的でもあり、神秘的でもある。「入定」とは、身体が死しても、永遠の瞑想に入ることを意味する。空海自身は生前、このような空間が亡き骸の前に広がると想っていたのであろうか。精進潔斎して、潔く生き、潔く死ぬ…というのが理想でもあるような気がする。人間が維持している「消えずの火」が燈っている限り、空海の永遠の瞑想はつづいてゆくのであろうか。人間が循環して永劫に生きる…という転生信仰とは異なると思うのだが、「消えずの火」への信仰は、人間の永遠性をねがう心であるのかもしれない。

あたりが肌寒くなり、死者たちの幽谷の舞踏が、そろそろ始まるときが迫っているようでもあった。麒麟麦酒グループの供養塔を駈けぬけ、東日本大震災の供養塔予定地を右に周り、親鸞聖人の供養塔、福助グループの供養塔を後にして、俗世界へと戻ってきた。企業が関係者の御霊を慰霊する供養塔は、一種の「企業墓」のようでもあり、日本企業はムラ社会なのだ…と痛感させられる。

大門の脇を通り、下山する。高野山町石道《こうやさんちょういしみち》は、慈尊院（九度山町）から高野山へ通じる高野山の表参道である。空海が高野山を開山して以来、信仰の道とされてきた。その脇には、一七〇〇年の由緒がある高野山の守護神「丹生都比売《にうつひめ》」が祀られている丹生都比売神社《にうつひめじんじゃ》があった。今から約一七〇〇年前、「天野」の地に創建されたと伝えられる神社である。神仏習合の伝統は、ここにも残されていた。空海が高野山を開くとき、この神に仏法の守護を願い、神々の山

「高野」を借り受けたとされている。空海を高野山へと導いた「狩場明神」（高野御子大神）も祀られ、高野山と密接な関係を保ってきた。今回の旅は、九度山からの参詣道を外れて移動していたので、参拝を見送った。いずれにしても重要な聖域であり、次回の機会には必ず赴こうと思っている。

薄暗い五条の市街地を巡った。格子の家々が連なり、宿場町としてのたたずまいが残っている。明治維新に影響を与えた「天誅組」の舞台となった土地でもある。紀州街道が通り、大和・伊勢・紀州をむすぶ八衢の地でもあった。念仏寺の「陀々堂の鬼走り」は、冬の火祭りとして知られている。迫りくる夕闇で、あたりが薄暗くなってゆく。ふと、ごつごつとした鬼面が松明の劫火にゆらめく姿を、いつかは見てみたい…と心に留めおいた。

記紀・万葉の〈ふるさと〉である奈良へ、半年ぶりに戻ってきた気がする。橿原神宮の駅前に宿を求めた。今回の旅では、奈良の中心街には行けないが、大和路をつうじて空気感が伝わってくるのが嬉しい。正月、春日大社に参拝をして以来となる。さがり藤の御紋が懐かしい。あのときは、春日信仰と若宮おん祭について調べようと思っていた。今回は、藤原京の橿原神宮ちかくで、「千本桜」を呑みながら、「吉野桜」の話を奈良人とともに語り合った。

青々とした森に囲まれた橿原神宮は、神武天皇が東征を終え、大和を平定して即位した場所とされる。大和三山のひとつ、畝傍《うねび》山の東南ふもとに広大な神域をもつ。初代天皇とされる神武天皇が橿原宮に即位したという『日本書紀』の記事にもとづき、一八九〇年（明治二十三年）に創建された。だが、かつての皇居が、現在の橿原神宮と同じ所かどうかは定かでない。「古事記」は「畝火《うねび》の白檮原宮《かしはらのみや》にましまして、天《あめ》の下治《したし》らしめしき」と伝えるだけである。他に、何も記録が残っていない。

　祭神は、神武天皇と皇后の「媛蹈鞴五十鈴媛命《ひめたたらいすずひめのみこと》」が祀られている。そもそも神武天皇は、瓊瓊杵尊《ににぎのみこと》がこの国土に降りた日向《ひゅうが》国の高千穂の宮にいた。しかし、天下の政治《まつりごと》を行うべく、はるばる東遷の途に立った。あまたの困難に阻まれたが、ついに大和の国を中心とした「中つ国」を平定した。こうして、畝傍《うねび》の「橿原の宮」において即位の礼をあげて、国の基をたてた…という。

　奈良の中心街には、東大寺、春日大社、そして興福寺がある。もともと興福寺は、春日大社と一緒であった。明治時代の廃仏毀釈でその縁が断ち切られた。興福寺の五重塔を見上げると、故郷に帰ってきた心地がする。興福寺には、阿修羅像や迦楼羅像といった守護者が、八部衆として薬師如来の周りを固める。中臣鎌足（藤原鎌足）ゆかりの山階寺を起源として、平城京が遷都された七一〇年（和銅三年）に創建されたのが由来である。鎌足の子・藤原不比等が国家と藤原氏の繁栄を願って、氏寺として建てたのであった。五重塔の隣にならぶ東金堂には、天平時代の結晶が残っている。薬師如来の浄瑠璃光世界が、この世に表され、日光・月光菩薩立像や文殊菩薩坐像などが安置されている。現在、当時の寺社空間である「天平伽藍」を復興すべく、中金堂の再建が行われている。

大和の「まほろば」である飛鳥京の残照が、平城京の東にある門前町にも感じられる。その門前町を「奈良町《ならまち》」と言うが、元興寺の旧境内に広がっている旧市街地を指す。雪がちらつく寒気の中で、「奈良町」にある元興寺を横切った。それが気になって、後日、春日和の日に境内に足を踏み入れた。元興寺の前身は、明日香村にある飛鳥寺（法興寺）であった。

百済王は日本最初の仏教寺院をつくるために、仏舎利を献じ、僧や大工、瓦職人、画工を飛鳥京の地に送った。蘇我馬子が、その仏教寺院を氏寺として崇めることを決め、建立を担った。それが元興寺の前身、飛鳥寺である。日本最初の瓦は、その飛鳥寺の屋根に据えられた。

七一〇年の遷都に遅れること八年…。やがて、日本最古の瓦は平城京の元興寺に移された。新京に移された本堂・禅室の屋根には、いまでも、古代の瓦が数千枚も使用されている。飛鳥京の記憶は、一四〇〇年を上まわる年月をへて、平安京の寺院の瓦にも残されていた。仏教の源流がここにあった。

本尊の智光曼荼羅を拝観した。浄土教の学僧である智光が、「浄土変相図」を遺した。奈良時代をへて、曼荼羅がある極楽房を中心として、南都の浄土信仰の流れを受け継いでいくこととなる。明日香村に残っている飛鳥寺には、一四二四年の時空をこえて、この国の歴史を見守ってきた仏像がある。仏法を取り入れた日本人は、現在まで、仏に恥じない道を歩んでこれたのであろうか…。自問しながら、虚しく思い、この壮大な問いを捨て去った。

三、役行者の足跡をおって―橿原から吉野、そして熊野、新宮へ―

橿原から吉野の山々へ。飛鳥京を横目にして、金峯山への道をいそぐ。大化の改新の発祥地である「多武峯《とうのみね》」。二〇一一年の十月、紅葉の艶やかなときに、この地を訪れていた。いまは談山神社だけが、山間にひっそりと古代の雅さを放っている。

中臣鎌足と中大兄皇子は、飛鳥の法興寺で出会った。それは蹴鞠会の最中であった。この蹴鞠会を再現する場が、談山神社の「けまりの庭」であり、社殿群の中に広がっていた。蹴鞠に関する祭りは、四月二十九日の「春のけまり祭」と十一月三日の「けまり祭」と、一年に二度もある。藤原家の始祖である鎌足が祀られ、鎌足公神像が神廟拝所に安置されている。紅く艶やかな十三重塔は、鎌足の供養塔の役割を果たしているという。この塔の背後にある裏山を「御破裂山」と言い、その頂上付近には、鎌足の墓所となる古墳がある。『多武峯縁起』によれば、法興寺の蹴鞠会のあと、この裏山で極秘の談合をしたとされる。

「中大兄皇子、中臣鎌足連に言って曰く。鞍作（蘇我入鹿）の暴虐いかにせん。願わくば奇策を陳べよと。中臣連、皇子を将いて城東の倉橋山の峰に上り、藤花の下に撥乱反正の謀を談ず」

飛鳥板蓋宮で蘇我入鹿は打たれ、「大化の改新」はなされた。その後、飛鳥の奥地である「多武峯」は「談峯」「談い山」と呼ばれるようになり、談山神社となったのである。中大兄皇子は天智天皇となり、のちに鎌足に「藤原」の姓を与える。改新の談合のときに、「藤花」

熊野へとつながる吉野の山並み

が盛りであったことを物語る〈姓〉を賜わった…ということが分かる。鎌足の長男である定慧《じょうえ》和尚は、父を偲び、十三重塔を建てたと言われている。夕陽が沈みゆく寂しさだけが、中秋の「多武峯」に残っていた。

「多武峯」を通りすぎ、吉野の金峯山寺までは意外と近い。金峯山とは、吉野山から連なる山上ヶ岳（大峯山）までの一帯を指しており、厳しい修行が今も行われている。とくに山上ヶ岳は、いまも女人禁足の地である。

白鳳の時代（七世紀後半）、修験道の始祖である役行者が、山上ヶ岳に入った。人々を迷いや苦しみから救い、悟りの道を拓くために、修行をはじめたのであった。ついに金剛蔵王権現を体感し、その姿を山桜に刻んだという。その由来から、吉野山では山桜がご神木として崇拝され、保護されている。

修行の道への発心をするのが「銅の鳥居」であり、俗世界から浄土への入り口となる。気持ちを引きしめ、仁王門をくぐると、にわかに線香のかおりが漂ってくる。山桜は青々とした新芽をかかえ、山なみに永遠とつづいていく。

金峯山寺の蔵王堂には三体の権現像があり、青く、荒ぶる憤怒を表現している。もともと、憤怒と重なる火とは、古代から日本人の象徴であった。聖なる火で罪や穢れを燃やしつくし、再生への道をひらく…という思想が受け継がれてきた。また、聖なる水もおなじ力があり、大祓いの祝詞（中臣の祓え）の後半部分は、水による罪穢れの祓いを描写している。日本人における「神」（カミ）の概念とは、火と水の調和によって成り立っていると言えよう。すなわち、神（カミ）への祈祷とは、火（カ）と水（ミ）という聖なる自然仏に媒介される…という考え方である。

神も仏も大切にする日本人の信仰の原点は、自然崇拝にあった。とくに、飛鳥時代から白鳳時代にわたって、大和の国では、神道と仏教のあいだで有力者たちが意見を異にし、国を揺るがす争いまでおこっていた。自然を崇拝し、神と仏の道を融和させる「修験道」は、対立から新たな道を導き出す〈究極の道〉として機能した。

吉野の山には、天武天皇や藤原不比等が入って、日本のまつりごと（政事）が動く前、この世の平穏を願って、静謐な空間に身を委ねたのである。祭政一致の文化は、人為的なシステムに偏らないための智慧でもあったのだが、それは近代国家の誕生とともに「国家神道」という化物に変わってしまった。政教分離という制度が当然のごとくなったのは、第二次世界大戦が終わってからである。

ここで興味深いのは、天武天皇や藤原不比等が、役行者と邂逅したかもしれない…ということである。六七二年（天武一年）の壬申の乱のときには、役行者は三十八歳となっており、修験道の教義はほぼ確立している。大海人皇子であった天武天皇は、国難となる乱を引き起こして、近江朝に対して刃を向けるには揺らぎがあろう。こういう時だからこそ、政事をつかさどる者として、祀りごとをつかさどる者と接触した可能性は高いと思われる。役行者は六三四年（舒明六年）生まれであり、六四五年の「大化の改新」のときには十一歳であった。日本の国が成りたちゆく、激動の時代を生き抜いてきている。天武天皇の立場からすれば、三歳年下である宗教者でありながら、仏教と神道の教義に精通している者こそが、国家太平への道を知っていると考えたはずである。初期の国家政事とは、神仏の御加護を受けているという証があることで、人心を束ねることに結びつくからである。

その名残か、いまでも金峯山寺の権現堂では、星供秘法ということで、鬼魂を払いのける儀式が行われている。この国の各地で追い出された鬼たちを集めて「福は内、鬼も内」と蔵王堂に導き入れ、修験者の法力でねじ伏せる祭儀である。後に宮中で行われるようになった「追《つい》儺《な》」とは、鬼払いの儀式で、平安時代の初期頃から行われている。もともと「鬼やらい」（鬼遣らい）は中国の行事であり、現在の節分の元となった行事である。宮中の人間にやどる鬼心を追い払うために、大海人皇子は「壬申の乱」をおこすことを決心したのかもしれない。いずれにしても、役行者が祈りはじめた金剛蔵王権現は、忿怒の形相で、悪魔を調伏させる型をしている。それは、人の心にひそむ悪魔や鬼をねじ伏せ、清き心をもつための姿にも思える。

ところで金峯山は、熊野奥駈の道の始まりの地でもある。護摩焚行が行われ、信者たちが熱心に般若心経を和唱する。わずか二六二文字の中に、仏教の教えが説き尽くされている。個人的な祈りの前に、この世が平らけく、栄えますように…という祈願がなされる。吉野の宇宙観は、自然に抱かれる行者たちの眼差しであった。色即是空、空即是色を太鼓の鼓動、読経の響き、梵我一如から体感する空間……。手引き書には、信仰心は火のようでなく、水のようであれ…と書かれていた。「青き炎」と「熱き水」は一体であるというような禅問答が、信者に課されているように思えた。「金峯山百日回峯行」は、吉野山の蔵王堂から山上ヶ岳の山上蔵王堂までの間、休むことなく歩き、百日にわたって礼拝をすることである。さらには、「金峯山千日回峯行」があり、開山期間だけ八年間もつづけて山々に籠り、一千日を駈ける修行を行う苦行もある。自然に対して厳しく謙虚な己をもつことが、常に試されている。


金峯山寺には、中国の風水思想が地理学的にも取り入れられている。もともと、大和国の平城京には、四神相応の陰陽思想がある。玄武（北神）が西大寺、朱雀（南神）が金峯山寺である。そして、青龍（東神）が女人高野の室生寺、白虎（西神）が朝護孫子寺となる。無論、大和の玄武（北神）にあたる西大寺は、平城京の大極殿を軸として西に配置されている。対として東にあるのが、大仏の鎮座する東大寺である。

聖武天皇が「盧舎那大仏《るしゃなだいぶつ》」をたてるべく号令を発し、魂入れの儀式が七五二年（天平勝宝四年）に行われた。これが、「開眼供養会《かいげんくようえ》」である。しかし、たび重なる戦乱によって、大仏は炎上し、当初の部分はわずかしか残っていない。両手は桃山時代、頭部は江戸時代のものである。人の世の愚かさ、はかなさは、自然の無常とは違い、悲哀に満ちている。火は使い方を間違えると、人を滅ぼす。しかし二月堂の修二会は、火で恒久平和を祈るものである。それらの火を見つめてきた若草山だけが、火の神聖性を識っているのかもしれない。

二〇一一年の秋、志賀直哉の旧居を通りすぎ、小道をぬけて新薬師寺にむかった。小ぶりな本堂には、薬師如来が中心に鎮座し、まわりを円陣に十二神将が立ちならぶ。亡き義父が惹かれていた伐折羅《バサラ》神将を見てみたかったのだ。その塑像の気迫の美しさには、仏師の信心への狂気さえ感じさせられた。新薬師寺は、光明皇后が夫である聖武天皇の病気回復を願い、七四七年（天平十九年）に創建されたのを起源とする。鎌倉時代になって、明恵上人が復興し、いまの新薬師寺の姿となった。人々の傷をいやす薬師如来でさえ、兵火に燃やされる寺社仏閣をみて、はたして人間には心の傷を癒す価値があるのか…と忿怒の心を抱いたかもしれない。少なくとも、仏師たちの心には、青く荒ぶった感情が芽生えていたであろう。

吉野から上北山村を通り、下北山村へと山道を急ぐ。途中、天川村につづく道があったが、今回は天川神社へは行けない。二〇一一年の大水害では、水がうねるように巻きあがり、社殿が土砂に埋もれたと聞く。知人の陶芸家である近藤高弘さんは、そこで窯をつくって、骨壷を焼くプロジェクトを進めている。その窯は、屋根が傾いただけで大事には至らなかったという。水の神「サラスバーティ」は、日本では「弁財天」となって、水神だけでなく、音の女神ともなっている。天川神社は「天川弁財天」を祀っており、その象徴である鈴は「三位一体」のかたちをしており、音色はみずみずしく美しい。

二〇〇八年に大台ヶ原へと赴いたが、その道は閉ざされていた。大台ヶ原は世界的にも知られる降水量の高い水域で、近畿や伊勢へと流れでる川の始まりでもあった。今は荒れた迂回路だけが、日ノ出岳へとつづく道となっていた。あのとき、大台ヶ原からの下山道で、稜線のいまから見えた弥山は神々しく、心身が吸いこまれそうな魅力を持っていた…。そのことだけは、鮮明に記憶に残っている。

熊野市への道はゆるやかになって、川筋と並行して通じている。ひと山越えると、丸山千枚田があり、風光明媚な棚田が水をたたえている。かつて見た風景を思い浮かべながら、熊野灘に出ると、鬼ヶ島と獅子岩を通りすぎた。そして、花の磐へとたどりついた。

花の磐神社の境内に入った。静まった参道は、木漏れ日でやわらかく照らされている。磐の前に立ち、空を見上げると「三流《みながれ》の幡」が風にそよいでいる。錦の御幡の献上品にかわり、縄で編んだ三本の幡が磐から吊るされた…という伝承が残っている。年二回行われる「花の磐祭り」では、磐の頂上から縄がつたって七里御浜へとつながり、神聖な時空間をつくりあげる。

花の磐神社から少し離れた場所に、産田神社がある。深い森に囲まれ、玉砂利を踏む音だけが聞こえる。境内の白い玉砂利は、清浄感を表しているらしい。熊野では白い浜石を手向けとする習慣があり、これが境内に白石を敷く慣わしになったという。白波が押し寄せる七里御浜から、参拝者たちの手によって石が運ばれ、安産が祈願されていた。花の磐神社は、火の神カグツチを産んで亡くなったイザナミの墓所とされる。一方で、産田神社は、神々を出産した場であるとされる。

イザナギは、「黄泉比良坂《よもつひらさか》」にイザナミの追手から逃れるために、冥界の入り口を磐で塞いだ。記紀神話における「黄泉比良坂」とは、熊野では花の磐神社であるとされる。だが『出雲風土記』では、島根県松江市東出雲町の「黄泉比良坂」が、根の国との境界とされている。いずれにせよ、熊野本宮大社が、主神の家津御子大神（スサノオ）を祀るとき、母神である夫須美大神（イザナギ）を花の磐より勧請することになったという。本宮大社の御縁起によれば、「家津御子大神告給わく、如此吾前を斎い奉れば吾母の御前をも能《よ》く祝い奉るべしと。是に於て此の由朝廷に奏し、詔命を受けて有馬村花磐（三重県熊野市有馬村）に鎮まります伊邪那美命を遷座《うつし》奉り又種々の神宝をも迎え本宮に鎮ります」とある。本宮の旧社殿があった大斎原には、摂社の産田社の祠がある。ここでは、「伊邪那美命荒魂」が祀られており、イザナギの荒ぶる神霊が勧請されていることが分かる。「有馬村花磐」にはイザナギが鎮まっており、黄泉の国との境である「黄泉比良坂」が花の磐神社である…。少なくとも熊野の人々は、その世界観を心身で信じている。

海風にあたりたくなり、七里御浜に赴き、常世から押しよせる荒波を眺めた。「島々が　千々に砕けて　夏の海」という松尾芭蕉の句があるが、「磐々が　千々に砕けて　熊野灘」という風景がぴたりと合う…と思った。玉砂利と砂からなる海辺は、鬼ヶ島から熊野川に至るまで七里（二十数キロ）ほど続いている。それが「七里御浜」という名前の由来であろう。

七里御浜の白波を左目に入れながら、海岸線を南下していく。那智勝浦町の漁港に停泊していた船々が、夕陽で赤く染まる。古代捕鯨の発祥の地、太地町までは、目と鼻の先である。そこでは「シーシェパード」という反捕鯨団体が妨害活動をはじめた。その介入は過激さをまし、地元の人々を揺るがしている。近年では、イルカ漁をめぐっても、映画『ザ・コーブ』で話題となった。

欧米の人々から見て、日本人の「いのち」の基準の違いは相容れない。高等とされる生物は保護されるべき対象であり、下等とされる生物は捕獲してもかまわない……。それが論理の根本にある。生きとし生けるものへの「いのち」の優劣は、だれがつけるべきか。牛にも豚にも「いのち」はある。

「いのち」を自分の身体に取り込むとき、それで自らが生かされることに感謝し、「(いのちを) いただきます」という言霊を忘れないことが、「いのち」への一番の供養となる。ベジタリアンであれ、立派に「いのち」を収奪して生きている。自分だけが無殺生という聖域にいるということは、だれにもできない。生きるということは、「いのち」への優劣意識を無くすことでしかなりたたない。

ところで、熊野に捕鯨を伝えたのは、徐福であったと云われている。司馬遷の『史記』によると、二二〇〇年ほど前、徐福は秦の始皇帝に、不老不死の霊薬があると奏上した。東方海上に蓬莱・方丈・瀛州《えいしゅう》の三神山にいるという仙人が、その仙薬について知っているという。この説は、神仙思想に基づいたものであった。始皇帝は大いに悦んで、「童男女三千人と五穀の種、百工を派遣」したという。秦から東方に船出し、徐福が辿りついたのが熊野であった。新宮には蓬莱山があり、徐福を偲ぶ「徐福公園」があった。蓬莱山のふもとには、熊野速玉大社の摂社であった阿須賀神社もある。内蓬莱にあたるのが新宮とされ、中国からの探索者たちは、その後、新宮に住み着いたと言われる。捕鯨だけでなく、造船技術や農耕、製紙に関する技術を伝播したという。熊野には、仙薬とされる「天台烏薬《てんだいうやく》」が自生しているが、江戸時代に中国から伝わったものである。だが、滝沢馬琴の『椿説弓張月《ちんせつゆみはりづき》』には、熊野のトチバ人参のことが描かれており、不老不死にまつわる薬草が古くから自生していた…という根拠とされる。馬琴の小説には、「熊野吉野には古より山に自生の人参あり。秦の徐福、神薬を求めつつ熊野に来たり住みしという」と、人参と徐福伝説を巧みに絡めている。本草学者の小野蘭山の文献にも、トチバ人参について記載されている。熊野が薬草に満ちていた場所であると、広く知られていたことが伺える。

四、熊野権現信仰の原点へ―新宮から本宮、そして那智勝浦へ―

早朝、熊野速玉大社へとむかった。椥《なぎ》の御神木の前で、祝詞の奏上が始まった。陽光が椥の葉をあでやかに浮かび上がらせる。二〇一二年五月十五日は沖縄本土復帰四十周年の節目であるが、それを記念して、熊野からも「世界平和への祈り」を捧げる。椥の木は、沖縄と熊野を結ぶ平和の木である。二〇一二年六月二十三日の「慰霊の日」には戦後六十七年を迎えるが、その八日前となる六月十五日には、南部農林高校、沖ノ宮、沖縄菩提樹苑で例祭が行われた。すでに四月二十三日には、沖縄菩提樹苑において、梛の植樹祭も行われている。この場所は、魂魄の塔に隣接している。なによりも、先の大戦で亡くなった和歌山県民を慰霊する「紀ノ国の塔」が見える場所に、神道と仏教の聖なる樹が植えられることに意義があろう。

梛の特別例祭にむけて、祝言を送ることになった。『小さき樹から「聖老人」へ』という小題で書かせていただいたのが、次の文章である。

……聖地にはたくさんの大きな樹があります。それらを前にすると、植物や人間といった括りをこえた感覚が呼び覚まされます。偉大なる生きものへの畏敬の念が、聖なる樹への信仰となったのでしょう。

熊野速玉大社におわします「ナギ」の大樹は、「聖老人」のような存在です。詩人の山尾三省さん曰く、「聖老人」は「無言で　一切を語らない」が、自然や人間のすべてを見守りつづけてきたのです。

沖縄戦の激戦地に植えられた「菩提樹」は、ブッダガヤからやってきて、仏の想いをいまに伝えています。

そのそばに、熊野のご神木である「ナギ」が植えられます。

沖縄のある巫女さんが、慰霊の日に祈りを捧げました。

「血は水へともどり、肉は土へとかえり、骨は岩となり、大自然に抱かれますように……」

「ナギ」も大樹となって、大自然の中のひとつの存在として、亡くなった方々の御霊を慰めるのでしょうか…。

小さき樹が「聖老人」へと育つように願ってやみません……

二〇メートルを越えた御神木は、一〇〇〇年近くの年輪を重ね、いまや根を蝕まれつつあった。平重盛が植えたといわれる「梛《なぎ》の木」であるが、その歴史は更に古いようである。昔より熊野詣では、梛の苗をお守りとして持ち帰っていた。また、梛は縦に走る葉脈をもち、葉が割けないことから、男女の縁をつなぐお守りとされてきた。

神前に梛を捧げる神楽が、「神なぎの舞」として社殿で披露された。四人の巫女舞は、熊野速玉大神の威厳に満ちた動きから、夫須美大神の清々しく麗しい動きへと移り変わる。そして、大地を優しく踏みしめる梛の姿を舞い、熊野権現への畏敬の念をもって舞い納められた。

「神なぎの舞」が終わると、古い街なみを通って、神倉山へとむかった。その聖山は、熊野三山の神々が最初に降臨をした場所と云われている。神倉神社にある霊石が「ゴトビキ岩」であり、古代から神が宿る依代として崇拝されてきた。まさしく熊野権現の原点である…と言える。『古事記』には神武天皇の東征について、「熊野神邑に至り、天ノ岩楯に登る」と記述されている。この神倉山こそ、「天ノ岩楯」であった。山の中腹のゴトビキ岩までは、源頼朝が寄進したと伝わる五三八段あまりの石段が導いてくれる。勾配がきつく、参拝者は山に張り付つくように登らねばならない。神倉神社の鳥居をくぐり、空を仰ぐようにそそり立つゴトビキ岩の前にたたずむ。自然信仰の原型が、この静かな空間に広がっていた。新宮市の町なみが一望でき、はるか彼方には熊野川の河口や太平洋が見える。作家の中上健次も、ここからの景色が原風景となっていたであろう。新宮で生まれ育った作家のインスピレーションは、この風土に育まれたと言っていい。

神倉山に降り立った神々を、人々は熊野速玉大社の地に遷して、新しい社を建てて祀ったという。その歴史が、「新宮」の町名の由来であるとされる。熊野速玉大社は、「映え輝く魂」を神と祀った神社である。熊野速玉大神と熊野夫須美大神を主神として、縁結びの神様としても知られている。日本サッカー協会でも、三本足のヤタガラスがエンブレムとなり、勝利を導く象徴として信仰されている。神倭磐余彦命《カムヤマトイワレヒコノミコト》は神倉山に上陸し、八咫烏《ヤタガラス》の導きで橿原の地につき、大和を平定した。そして、神武天皇となったのである。したがって、熊野から吉野へ向かう奥駈道を「順峯」というのは、その名残であると考えられる。

熊野速玉大社では、火の祭りである「御燈祭り」と、水の祭りである「御船祭り」が行われる。「御燈祭り」は春を呼びこむ祭りで、旧正月に近い二月六日に行われる。一四〇〇年もの歴史があると言われる。夜になると、〈上り子〉と呼ばれる祈願者たちが白装束に身を包み、荒縄を胴に巻いた姿で、神倉山に登ってくる。〈上り子〉たちは松明に神火を受け、急な石段を転げ落ちるように、勇壮に駈けぬける。「御燈祭りは男の祭り、山は火の滝下り滝」と新宮節にも歌われている。また、十月十六日には「御船祭り」が行われ、九隻の早船が熊野川で競漕する。速玉神の御魂は、新宮の街なかを神輿で巡って、熊野川のほとりで神幸船に遷される。熊野川を上流の御船島までさかのぼり、伴走する早船が速さを競うのである。御船島と御旅所は、「御船祭り」では重要な聖域である。しかし、二〇一一年の大水害で木々はなぎ倒され、見る影もなくなっていた。御船島は禿山になり、御旅所は丸裸になった。御旅所に立つ標識だけが、聖域の記憶を示す手がかりとなっていた。夕暮れ時の鳥の声に、悲しくも導かれたような気がした。

熊野速玉大社の上野顕宮司は、二〇一一年の大水害でご自宅の一階を被災していた。御旅所や御船島の被害に心を痛めつつ、那智勝浦町の被害者のための支援にも乗り出していた。天地（あめつち）を経典とする自然崇拝をつかさどり、梛の大樹への想いを語った上野顕宮司……。

原始信仰から神社神道へと、信仰のかたちを整えていった血筋を背負っている。日本武尊《ヤマトタケル》の父である景行天皇の時代（西暦一二八年）から、今に至るまで、熊野速玉大社の呼吸はつづいてきた。速玉大社の神官はさかのぼれる代は限られているが、上野家は神官三家の中のひとつであるという。他に事例を出せば、明日香村にある飛鳥坐神社では、八十七代もつづく飛鳥家が神官を受け継いでいる。出雲大社の神職も千家が担っていて、その歴史は古代にさかのぼれる。古代からつづく神官家は、並々ならぬ運命を背負ってきた。だからこそ、上野宮司は「自分が一番会いたい人物は曽祖父であった」と言う。曽祖父は上野家の代々の軌跡について詳しかったという。上野家は、悠久の歴史の中で、一個人には重圧に感じるような役割を背負わなければならなかった。先祖の流れから、その運命を受け継ぐことは、如何ばかり大変なことであったか…。那智勝浦で生まぐろを頂きつつ、熊野速玉大社の方々と宴席を共にした。古代への想いを馳せる場に招かれたのは、至福のことであった。

熊野本宮大社をめざし、熊野川の上流をさかのぼる。トンネルを抜けると、景色が一変する。台風十二号による大水害で、片側通行の道路がつづく。なぎ倒された木々、崩れ落ちた崖がいたるところに見うけられ、一二〇年ぶりに荒ぶった水神の猛威が感じられた。一二〇年前の大水害とは、一八八九年（明治二十二年）に起こった「十津川大水害」のことを指す。上流の十津川から下流の熊野川にわたって、広い流域で起きた水害であった。その前までは、熊野本宮大社は、熊野川と音無川が合流する中洲に建っていた。その地は「大斎原《おおゆのはら》」と呼ばれ、舟の形をした神聖な森であった。しかし、社殿はことごとく流され、現在は近くの小高い丘に移されている。二〇一一年に起こった「紀伊半島大水害」でも、「大斎原」には一メートルほどの深さの土砂が流されてきたという。

二〇一一年（平成二十三年）の献詠披講式で、ある方がこのような歌を詠んでいる。

「とほき世の　天地にほふ　斎原に　風に乗りくる　神神を待つ」（山崎悦子）

天地《あめつち》の荒ぶりに翻弄された二〇一一年……。東日本大震災、紀伊半島大水害といった試練を受けても、あらたな風を待って、遠き世に生きた日本人から続いている道を歩むしかない。古くは、景行天皇をはじめ、宇多法皇から亀山上皇にいたるまで、熊野行幸が続いた。鎌倉時代になって、民衆のあいだに熊野権現信仰が広まった。「蟻の熊野詣」と言われるほどに、巡礼者が絶えることがなかった。そして、二〇〇四年に熊野古道は世界遺産に指定され（紀伊山地の霊場と参詣道）、いまも、その参詣の道は生きつづけているのである。

熊野本宮大社で有名なのが、一月七日に行われる「八咫烏神事」である。スサノオの別名でもある「牛頭天王《ごずてんのう》」に由来する札が刷りはじめられる神事である。この札は「牛王神符《ごおうしんぷ》」と呼ばれる。あらゆる災いを防ぎ、病を治す護符と崇められた。一方で誓約書や起請文に用いられ、浄瑠璃にも「ウソヲツクト熊野ノカラスヲノマスゾ」という文句がある。この裏面に起請文を書いた者は、それを裏切った場合、血を吐いて死ぬと恐れられた。赤穂浪士の討ち入り前、大石内蔵助が志士たちに誓約を書かせた神符としても有名である。

二〇一一年三月十一日に訪れたときは、誠証殿（第三殿）の屋根が修復工事を施されていた。ここには主神の家津御子大神（スサノオ）が鎮座していて、仮の社殿に御霊を移していたという。檜皮葺き屋根のたおやかな曲線美は、檜皮師のぶれないワザを感じられる。九鬼家隆宮司から、葺き替え前の社殿の檜皮をいただいた。風雨にさらされた檜皮は、いまだに微かな香りを発していた。天・地・人をつなぐ職人の想いが、檜皮をにぎった手から、かすかながら伝わってきた。

スサノオノミコトは身の毛をぬいて、種々の木を生やし、荒れ果てた国土に緑の恵みをもたらせた。紀の国とは、まさしく「木の国」であり、「黄の国」（黄泉の国）でもあった。『紀伊続風土記』には「大神大御身《おほみみ》の御毛《みけ》を抜て種々《くさぐさ》の木を生じ給い、其の八十木種《やそぎたね》の播生《うま》れる山を熊野とも木野とも言えるより、熊野奇霊御木野命《くまのくしみけぬのむこと》と称え奉るべし」とある。豊富な雨水によって木が生まれ、育まれるという大地が、スサノオの御魂と共振しあって、神話が誕生するにいたった。このような風土から生まれたのが熊野信仰である。修験者や熊野比丘尼たちの勧進によって、熊野権現信仰は広まり、熊野権現を祀る神社は全国に三八〇〇社余りあると言われている。「熊野歓心十界曼荼羅」や「牛王神符」、梛の小枝を携え、津々浦々で熊野権現への帰依を説いたのであった。弘法大師信仰は「高野聖」が広めていったが、熊野権現信仰は「熊野修験」や「熊野比丘尼」たちが庶民へと浸透させていったのである。

平安時代になって、熊野の神々は仏名を配されて、神仏が一体化した。神々はそのままで姿を俗世に現すことができないので、仮に仏の姿をして現れる…という権現思想が定着していった。これを「本地垂迹説」と言うが、家津御子大神（スサノオ）も阿弥陀如来と同一視され、熊野三所権現と熊野十二社権現が成り立っていった。本宮大社はその総本山ともいうべき存在で、熊野権現信仰の国軸として、いまも機能している。時宗をひらいた一遍上人は、一二六四年（文永一年）に本宮大社に詣でて、大斎原の証誠殿で神宣を受けることとなった。山伏姿で現われた家津御子大神は、「一切衆生の往生は阿弥陀仏によってすでに決定されているのだ」と一遍に語ったという。大神は阿弥陀如来の化身でもあり、「信不信を選ばず、浄不浄を嫌わず、念仏札を配りなさい」と告げたという。

「浄不浄」については、月の障りとなった和泉式部が、熊野権現から宏大無辺《こうだいむへん》な慈悲を賜った…という伝承もある。和泉式部が、険しい中辺路《なかへち》から本宮をめざす途中で、血の不浄になった。本宮の見える伏拝王子まで来て、参拝をあきらめざるを得なかった。悲しい気持ちで本宮の森へと伏し拝み、「晴れやらぬ　身のうき雲のたなびきて　月のさわりとなるぞかなしき」と詠んだ。その夜、夢に熊野権現が現れて、「もろともに　塵にまじはる神なれば　月のさわりもなにかくるしき」と返歌があった。清々しい気持ちで和泉式部は、そのまま参詣ができたという。この霊験譚には、「浄不浄、信不信を問わずすべてを受けいれる」という、母性的なぬくもりが残っている。

五、日本人の神仏信仰の原郷―那智から新宮、そして熊野灘、田辺へ―

那智山信仰は、神武天皇が即位した後に、那智の大滝を大己貴命の依代として祀ったことに由来する。那智大社は、仁徳天皇のときに社殿が建てられたという。女神「イザナミノミコト」を祭神とし、「熊野夫須美大神」と同一視して主神としている。十二柱の神々の中に八咫烏を祀神として、賀茂建角身命《かもたけつのみのみこと》を祀った摂社がある。八咫烏は、賀茂御祖神社（下鴨神社）で祀られている賀茂建角身命の化身と伝えられる。神武天皇（磐余彦命）が、熊野から大和国へ侵攻するとき、深く険しい山越えを天照大神が遣わした三本足の八咫烏の案内で、無事に大和に入ることができたという。その後、八咫烏は熊野那智大社に戻り、石になったという烏石が残っている。

二〇一一年九月、那智勝浦では町長の家族が亡くなるなど、大水害の氾濫は、極度の無常感となって人々に襲いかかった。その傷跡は現在も川べりに残っており、那智大社の裏山が崩れたことが頭をよぎった。社殿に土砂が押し寄せ、半壊した社もあると聞いていた。今は、全国から集まったボランティアの力で、何とか参詣ができるようになっているという。

大門坂の入り口を通りすぎ、蛇行する山道を登っていく。そばに立っている夫婦杉は八〇〇年の老樹であるが、災害をいかに見つめていたのであろうか。突然、目の前に那智大瀧が飛びこんできた。以前なら、うっそうと茂る杉林が視界をさえぎっていたが、いまは丸裸である。飛瀧神社の柵から、身を乗りだして眼下を見下ろしてみる。乾いた巨石が無造作に散らばっていた。文覚上人の修行した瀧は、岩に埋もれていた。中世からの時間の記憶は、龍神が暴れたことによって跡形もなくなっていた。いまは、無常さだけがそこに残っていた。水しぶきと轟音だけが、あたりに木霊していた。水とは、すべてのものを生みだし育んでいく存在……。すなわち、生命の母でもある。荒ぶった水を恨んでは、人間の未熟さへとつながっていくであろう。いや、もともと人間は、度し難い存在なのかもしれない。

青岸渡寺の境内から、赤くそびえたつ三重塔のある風景を眺める。遥かむこうに、大瀧が青白い糸束を下界に垂らしている。裸行上人はその滝壺で、観音菩薩像を見つけ、青岸渡寺に安置したという。史実的な根拠はともかく、裸行上人の姿はインドを思わせる。ガンジス川のほとりで、死を待つ修行僧に思えたこともあった。高木亮英住職と話をまじえ、グリーンオニキスの数珠を求めた。三度も同じものを入手するとは、正直、思ってもいなかった。この淡い翡翠色がやすらぎを与えてくれる。また、縁のあった人の手に渡るのであろう。西国三十三ヵ所の一番の札所として、穏やかな懐かしさを醸し出している。行者たちの念のようなものは、一切感じられない。那智は、この地域の言葉で「ナグチ」とか「ナギタ」とか呼ばれ、山の入り口を意味している。行者たちにとっては、険しい修験道への入り口でもあった。神武天皇が熊野の海岸に上陸し、八咫烏の導きがあったというが、それは山伏の一族を指していたとも思われる。

那智大社の境内から、山なみの果てに見える水平線を眺める。朝日の清々しさだけは変わらない。樟の大樹も無事であった。猛々しく暴れた那智原始林は、いまは何も語らない。災害の復旧とともに、禍々しい痕跡は、記憶の彼方に消え去るのかもしれない。千手観音菩薩が降臨したと信じられる那智は、この世の「浄土」とされた。現世からの心の「補陀落渡海」をもとめて、参詣者たちは那智へと群がっていったのである。

熊野三山は、三位一体の関係である。熊野速玉大社の主神「熊野速玉大神」は「薬師如来」として、〈過去世〉の業を救う。熊野那智大社の祀神「熊野夫須美大神」は「千手観音」として、〈現世〉の御利益を護ってくれる。そして、熊野本宮大社の主神「家津美御子大神」は「阿弥陀如来」として、〈来世〉の浄土に導いてくれる。音楽家の谷村新司氏が、熊野三山の感覚的な連なりについて、次のように述べている。

「本宮はドの土、速玉がレの火、那智がミの水。それが回り出すと、ちゃんと三つ巴の紋章になる。三つが回って初めて風が起きてくるんですよ」（『むすひ』平成二十三年号）。

熊野という隠国《こもりく》は、山は重畳《ちょうじょう》として連なり、果ては海に達するところ…。そして、海は果てしなく広がり、南海より波うち寄せるところ…。金剛曼荼羅の父性と、胎蔵曼荼羅の母性が交わる場所でもあった。ここを「常世の国」と信ずるのであれば、仏法でいえば「補陀落」と称して、「浄土」とみたてることとなる。参詣者たちは、都より八十里を山を越え、河を渡って、往復一ヵ月以上の日数をかけた。現世とあの世をつなぐべく、一歩一歩に気を振りしぼり、神仏の慈悲を乞うて、心願を念じたのであった。また山伏たちも、深い森林に覆われた山々を、阿弥陀仏や観音菩薩の「浄土」とみたてた。だからこそ、仏が持つような能力を会得するために、修行の場としたのである。

熊野速玉大社の上野宮司は、熊野における神道の道をこう説いている。

……祖先たちが、自然の営みの中に自らの人生を照らしていきてきた変わることのない日本の心…。それは、自然万物に宿す「聖なるものを畏《かしこ》む」という、素朴で敬虔な「祈り」にこそある……（『熊野権現』第二十九号、二〇一〇年五月）。

自然の中に神仏をみたてて畏む…という揺らぐことのない信心こそが、日本人が熊野・吉野・高野山に惹かれてきた力なのであろう。熊野にうしろ髪を引かれながら、南方熊楠の故郷である田辺へとむかうため、中辺路をたどって帰途に着くことにした。

サンティアゴ巡礼路

＊パリから始まる巡礼の道

佐滝　剛弘

二〇一一年六月、パリのユネスコ本部で開かれた第三五回ユネスコ世界遺産委員会を取材するため、かの地を訪れていた私は、夕暮れのセーヌ河岸で、一本の塔を見上げていた。

塔の名前は、サン・ジャックの塔。セーヌ河の両岸に広がる歴史的建造物は、エッフェル塔やルーブル宮（現在のルーブル美術館）を含めて、「パリのセーヌ河岸」という名称で世界遺産に登録されているが、このサン・ジャックの塔は、実は別の名称で世界遺産に登録されていることは、世界遺産好きの日本人観光客にもほとんど知られていない。

この塔は、セーヌ河岸にありながら、世界遺産「サンティアゴ・デ・コンポステーラへの巡礼路（フランス）」の構成要素の一つなのである。

紀伊半島にある熊野古道や二〇一〇年に世界遺産に登録されたメキシコの「カミノ・レアル・デ・ティエラ・アデントロ」、通称「銀の道」。あるいは、今後世界遺産登録が注目される「シルクロード」など、「道」の世界遺産は少しずつメジャーになりつつあるが、その中でももっともよく知られた「サンティアゴへの道」は、文字通り、スペイン北西部の町でキリスト教の三大聖地のひとつ「サンティアゴ・デ・コンポステーラ」へ巡礼する信者が歩いた信仰の道として、ヨーロッパではよく知られた「道」である。

日本では、ドイツのロマンティック街道が有名だが、これは中世に栄えた城郭都市などの観光地を結んだ、ある種恣意的な名称である。もちろん、起源は「ローマへの巡礼の道」であり、だからこそ、「ロマンティック」の名称が使われているのだが、今では、ローマへの巡礼という意味合いはすっかりなくなった。

しかし、「サンティアゴへの道」は、今も多くの巡礼者が聖地を目指すために使う、生きた巡礼道である。

スペインで一本に収斂するこの道は、フランスからは異なる地点からスタートする四本の道として、スペインの「サンティアゴ巡礼路」とは別に、フランスにおけるサンティアゴ巡礼路として世界遺産に登録されている。その四つの起点のうちの一つが、ここパリのサン・ジャッ

クの塔なのである。ちなみに、「サン・ジャック」は、「サンティアゴ」のフランス語読みで、

「サンティアゴ・デ・コンポステーラ大聖堂」に埋葬されているといわれているキリストの使徒のひとり、聖ヤコブのことである。

サン・ジャックの塔

サン・ジャックの塔は、セーヌの北岸、シャトレ座という有名な劇場のすぐ前の広場にある。私がこの塔を訪れたのも、実はシャトレ座で上演されるオペラを見るそのついでに訪れたようなものである。

ゴシック様式の真っ白な塔で高さは六二メートルとかなり高い。ちなみに、シテ島にあるパリのシンボルの一つノートルダム大聖堂の巨大な鐘楼の高さ六九メートルと比べてもそれほど遜色がない。この塔は、実は単独の塔ではなく、サン・ジャック・ド・ラ・ブシュリという名の教会の鐘楼であり、十六世紀初めに建造されたものである。教会の本体はフランス革命で破壊され、それ以降再建されていない。塔のほうはその後、銃弾の鋳造所となるなど様々な用途に使われ、今世紀に入って大規模な修復が行われ、現在の美しい姿に戻っている。十七世紀に、この塔で「パス

セーヌ川近くに建つ
サン・ジャックの塔

カルの定理」で知られる科学者のパスカルが、高さによって気圧が変わることを証明する実験を行ったことでも知られており、塔の真下にある人物の彫像は、サンティアゴ巡礼とは関係なく、このパスカルの像である。

フランス北東部にすむ巡礼者は、このサン・ジャック・ド・ラ・ブシュリ教会（初代の教会はすでに十一世紀にあったとされている）に集い、ここからセーヌ川を渡り、サン・ジャック通りを南下して、サンティアゴを目指した。ちなみに「ブシュリ」は、英語のブッチャー、つまり肉屋のことであり、中世にはこの周辺は肉屋街だったことから名づけられたといわれている。

オルレアン、トゥール、ポワティエ、ボルドーと進んだ巡礼者は、ピレネーを越えて、ようやくスペインへと入って行った。この地から車も鉄道もない時代に、スペインの最西端の聖地を多くの巡礼者が目指したのかと思うと、この一本の塔を見上げて決意を新たにした無名の人々の思いが伝わってくるようであった。

もうひとつの出発点

フランスからスタートするサンティアゴ巡礼の四つのルートのうち、もう一つの出発点であるヴェズレーへは、サン・ジャックの塔を仰ぎ見た翌日に、レンタカーを自ら運転して訪れた。

パリ北駅で朝七時に借りたレンタカーでまず東へ走り、世界遺産「中世都市プロヴァン」を訪れる。物資の集散地として、名前の通り中世に大いに栄えた市場町で、パリから車でも鉄道でも一時間半程度の距離なので、観光客の姿が多い。

続いてさらに南東へ車を走らせ、ブルゴーニュ地方に入り、フォントネーという小さな集落にあるシトー会の修道院（世界遺産名は「フォントネーのシトー会修道院」）の正門の脇に車を横付けする。午後になると気温が上がり、真夏のような暑さになった。しかし、修道院の中庭に面した回廊に足を踏み入れると、日陰では涼しい風が吹き抜け別天地のようだった。清貧を旨とするシトー会の施設らしく、建物も装飾を極力排したシンプルな造りであり、内部には、礼拝堂だけでなく、診療所や鍛冶屋などそこだけで自給できるような建物が連なり、祈りに貫かれた暮らしぶりを彷彿とさせられる。

ここから進路を西にとり、午後三時過ぎ、前方のこんもりとした山の上に大きな建物がそびえているのが目に入るようになってきた。目指すヴェズレーの町である。

ブルゴーニュ地方にあるヴェズレーは、一九七九年、つまり世界遺産登録が始まった七八年の翌年に「ヴェズレーの丘と聖堂」という名称で世界遺産に登録されているのみならず、のちに「サンティアゴ・デ・コンポステーラへの巡礼路」の一部としても世界遺産に登録されている〝二重登録〟の町である。

山の中腹まで登ると、町が開けてきて、その一角にある駐車場に車を停めて、両側に土産物屋やレストランが連なる坂道を上へ上へと登っていく。足元を見ると、ところどころに帆立貝の貝殻の模様が舗道に刻まれている。帆立貝は、サンティアゴへの巡礼者のシンボルで、巡礼者かどうかは、貝殻をぶら下げているかどうかで判別できるというくらい、巡礼とは切っても切れない縁がある。その帆立貝をたどって丘の上に上がると、町のシンボルであるサント・マドレーヌ聖堂のファサードが飛び込んでくる。

典型的なロマネスク様式。正面向かって右側に鐘楼がそびえる左右非対称の聖堂で、正面入口から入り、身廊とを隔てる壁の上に造られた半円形の部分、タンパンの彫刻がこの教会の最大の見どころである。

サント・マドレーヌとは、マグダラのマリアのことで、一時期この教会に、聖女として崇められた彼女の遺骨が祀られていると流布され、巡礼者がここに集うようになった。サンティアゴ巡礼路の出発点となったのも、そうした信者が集まったためである。

ヴェズレーの
サント・マドレーヌ聖堂

タンパンの彫刻

教会の内部に入ると、身廊を支える柱頭に、聖書のモチーフが彫られ、シンプルな中にも、力強い祈りの魂が塗り込められていることが感じられる教会である。教会だけでなく、町全体が中世の雰囲気を残しており、小高い所にあるため、周囲の緑の海を見下ろせる立地も含め、巡礼の旅立ちにふさわしいたたずまいである。

四つの道の出発地の残りの二ヵ所は、オート・ロワール地方のル・ピュイ・アン・ヴレとプロヴァンス地方のアルルである。四つの出発点のどこからも、サンティアゴ・デ・コンポステーラまでは徒歩で六〇日以上かかる。その途中の村々にも、巡礼者を迎えた教会や巡礼宿が今も残り、多くの巡礼者を受け入れている。

ヴェズレーの聖堂から下る道

巡礼者たちが越えたピレネー

ここでは、少し寄り道をして、これらの道が目指すピレネーにある四件の世界遺産を紹介したい。巡礼路最大の難所といわれるピレネーがどんなところかをイメージしてもらいたいからである。

広々とした平野や丘陵が広がるイメージがあるヨーロッパにも、モンブランやユングフラウのあるアルプス山脈や、ルーマニアとウクライナの間にそびえるカルパチア山脈など、あちこちに険しい山塊がある。その中でも、文化を分け隔てるほどの障壁となった山脈が、フランスとスペインの間に横たわり、かつて、「その向こうはアフリカ」とまで言われたここピレネーである。

二〇一二年夏、私はスペイン側からこのピレネーの懐深くに入り、山中にある四件の世界遺産を訪れた。まずは、フランス側にある世界遺産「ヴォーバンの要塞群」である。

ヴォーバンとは、地名ではなく、十七世紀に活躍した築城家で、ルイ十四世の治世下、フランスの国境周辺に一〇〇を超える要塞を建設したことで知られる。彼が建設した要塞のうち、十二件が世界遺産に登録されており、そのうちの四件がスペインとの国境に近いピレネー山中にある。私が訪れたのは、このうち、モン・ルイとヴィル・フランシュ・ド・コンフランという二つの町にある要塞である。

バルセロナから左手にごつごつとした岩山で知られるモンセラットを見て、高速道を北上、二時間ほど走ると、国境の町、ピグセルダに着く。ここで軽く昼食を摂った後、ゲートもなく、出入り自由な西仏国境を通り抜け、広々とした高原が広がる中を車で二〇分ほど走ってたどり着いたのが、モン・ルイの町である。「モン」は、山の意味なので、モン・ルイは、「ルイの山」ということになる。町の入口には城門があり、よく見ると町そのものが堀と星型の城壁に守られた要塞になっていることがわかる。緩やかな斜面に造られた村は、一周しても一〇分ほどの小ぢんまりした集落だが、村の上の部分に、さらに堅固な城砦で囲まれた城があり、現在もフランス陸軍の駐屯地として現役で使われていることが、ものものしい警備の様子からうかがえる。この内部には、一日に数回行われるガイドツアーで入ることができるということがわかったので、予約をしてチケットを買う。

モン・ルイの要塞

時間になると、その堅固な城砦の入口に観光客が集まり、フランス語によるガイドで中に入っていく。内部は、EUの統合で国境そのものの概念が薄らいでいるため、警備というよりは軍隊の訓練施設として使われているようで、ロッククライミングのトレーニングをするような施設があるなど、珍しさにわくわくするが、写真撮影は禁止で、自由行動も許されない。かつての井戸小屋が資料館のようになっており、ここに、各地のヴォーバン要塞の写真や図が展示してあった。

地形をうまく使い、当時の最新の技術で、攻められにくい要塞を建造したヴォーバンの築城技術の高さを十分感じることができるとともに、ピレネーが国境の山であることをあらためて知ることができた。

モン・ルイから川沿いに山を下ること三〇分、道路の左手前方の山の上に城砦が見えると、そこがヴィル・フランシュ・ド・コンフランである。この美しい名前の町は、フランスに数ある集落の中でも指折りの美しいところで、観光客の姿も多かった。川沿いの集落そのものも城壁に囲まれているが、すぐ脇の山の中腹に、町を見下ろすように要塞が立ちはだかっている。素朴な石造りの家並みと周囲の山々の景観は、フランスの田舎を絵に描いたような風情があるが、その景観ゆえではなく、堅固な要塞の素晴らしさで世界遺産に登録されているのである。

巡礼者が越えたピレネーは、近代になっても（そしてもちろん現代でも）国境の山であることを如実に物語る世界遺産である。

なお、幕末、函館に建設された星型の城砦「五稜郭」も、ヴォーバン要塞の流れを受けて造られた要塞である。

アンドラの素朴な牧畜の暮らし

ピレネーには、フランス、スペインの大国にはさまれて、アンドラというミニ国家がある。長い間、フランスとスペインの共同統治という形態を取っていたが、二十世紀末に独立国家となり、アンドラ公国（Principat d'Andorra）となった。この国の首都、アンドラ・ラ・ベリャを訪れると、素朴な山国を想像してきた旅人は見事に裏切られる。

モダンなビルが建ち並ぶ中心街には、ブランドショップやショッピングセンター、レストラン、ホテルなどが立ち並び、ヨーロッパのしゃれた大都会を歩いているような錯覚に陥る。道行く人の大半は観光客であろう。夏だったので、短パンにTシャツやタンクトップというラフなスタイルの人々がショッピングバッグを提げて歩いている。アンドラは、消費税にあたる付加価値税がないため、周辺の国よりも物価が安く、近隣国から観光を兼ねた買い物客が大挙してこの国を訪れるのだ。ガソリンも安く、幹線道路沿いには、ミニ国家には不似合いなほど多くのガソリンスタンドが並んでいる。しかし、周囲は、高い山が屏風のように取り囲み、氷河によって削られた圏谷（カール）の底に町が広がっているのがよくわかる。

このアンドラに、一件の世界遺産がある。「マドリウ、ペラフィタ、クラロール渓谷」という名前で、首都のアンドラ・ラ・ベリャから車でわずか一〇分もしないところに入口がある。楽勝の世界遺産かと思っていると、その入口からは、ひたすら登りが続く登山道を分け入っていき、何時間も歩かないとその核心部にたどり着けないという、なかなか難儀な世界遺産であった。

レンタカーでその入口らしき場所にたどり着いたのだが、駐車場もなく、やむなく路肩に車を停め、世界遺産を示すような標識もない登山道へと入っていく。最初の三〇分は、誰ともすれ違わず、集落もなく、ただひたすら近くを流れる清流のささやきと、木の葉の揺れる音だけしかしない中を不安な気持ちになりながらも登って行った。ようやく一組のハイカーを追い越し、石造りの素朴な集落に着くが、人の気配はなくそのまま通りすぎる。「渓谷」と名付けられているので、自然遺産と思われがちだが、ピレネー山中の牧畜を中心とした暮らしの痕跡が世界遺産に登録されているのである。

途中、こうした暮らしをしてきた人たちが住む小さな集落や牧草地もあったが、ほとんどが険しい山道で、前から鈴の音がしてびくっとして立ち止まると、カウベルをつけた牛の群れが下りてきた、ということもあった。二時間近く歩いてようやく開けた場所にたどり着き、そこにある山小屋で休憩をし、ここで折り返すことにした。どの建物が世界遺産か特定するのが難しく、今歩いてきた登山道も含めた文化的景観が世界遺産に登録されているということで、ピレネーで暮

アンドラの世界遺産
マドリウ、ペラフィタ、クラロール渓谷

らす人々を思いながら歩くことそれ自体が、遺産と触れあうことになるという体験であった。

国境の氷河

アンドラに二泊して、再びスペインに入り、「ボイ渓谷のロマネスク教会群」に登録された素朴な石造りの八棟の教会を順番に見た後、その日の夕方、フランスとの国境に近い山懐にある国営のホテル、パラドールに到着した。ホテルはビエルサの谷の行き止まりにあり、目の前に見える幾本かの滝の上には、真夏にもかかわらず氷河の姿を仰ぐことができる。スペインとフランスにまたがる複合遺産、ペルデュー山である。標高は三三〇〇メートル、人を寄せつけない厳しい山容である。

朝日を浴びて輝くペルデュー山

フランスからのサンティアゴ巡礼路は、ピレネーの手前で二本にまとまり、このペルデュー山の西側でピレネーを越え、それぞれスペイン側のハカとロンセルバーリェスを通り、プエンテ・ラ・レイナで一本に合流する。もちろん、山頂を越えるわけではなく、イバニェタ峠、ソンポルト峠という鞍部を抜けるのだが、それでも巡礼者にとっては最大の難所であったことは間違いない。

パラドールの背後の登山道を三〇分ほど歩くと、氷河がよく見える展望が開けた場所にたどり着く。私はここで、無数の巡礼者が越えたピレネーの神々しさをあらためて五感で感じることができた。

翌朝、部屋の窓を開けて、真夏だというのに一〇度を切る冷気とともに、朝日に照らされて明るさを増す冠雪の峰々が刻々と色を変えていく様を食い入るように見つめた。一番遠いパリを発った巡礼者も、ピレネーでまだ道半ばに達したかどうかというところである。この難所を越えても、まだまだスペインの荒涼とした大地が待っている。

サンティアゴ巡礼路の道のりの険しさをあらためて感じる峰の輝きであった。

サント・ドミンゴ・デ・ラ・カルサーダ

このピレネーの旅の前後に、私はスペイン東部の巡礼路を少したどった。ログローニョとブルゴスという二つの大きな町に挟まれて、サント・ドミンゴ・デ・ラ・カルサーダという小さな町がある。小さな、といっても、巡礼者からは遠くからも目印になるような、高い塔を従えた教会が町の真ん中に立ち、教会の付属の施設は、パラドールとなって今も巡礼者を迎え入れている。巡礼路の中継地として発展した町であることは、地理上の位置でも、町のたたずまいでも容易に知るこ

サント・ドミンゴ・デ・ラ・カルサーダの教会

とができる。

私はこの町で、自転車に巡礼の目印である帆立の貝殻をつけた一人の女性サイクリストに出会った。聞けば、はるばるドイツから自転車の旅をしているという。サンティアゴ・デ・コンポステーラまでどれくらいかかるのかと聞いたら、まだ一週間ほど走るという返事だった。

熊野古道が、今では過去の道であり、観光の道になっているのに比べ、サンティアゴ巡礼路は、現在も、老若男女問わず、人を惹きつけ続けている現役の巡礼路であることを改めて確認し、そのパワーの強さに驚かざるを得なかった。教会のすぐ前にあった小さな土産物屋で、私も帆立の貝殻を買い、バッグに忍ばせた。

今回は、世界遺産を駆け足で回るレンタカーの旅ではあったが、杖を手に歩いたり、サドルの後ろに貝殻をくくりつけてペダルを漕ぐ巡礼者の姿を目の当たりにして、自分もいつかこの道で西を目指して歩き、「歓喜の丘」で大聖堂の姿を見て歓喜の涙を流し、コンポステーラの大聖堂の世界一の大香炉で焚かれる香りで清められたい、そんな気持ちにさせられる巡礼路との出会いであった。

巡礼路はこの後、ブルゴスやレオン、オビエドなどを経てサンティアゴ・デ・コンポステーラへと続いている。

サンティアゴ巡礼路は西へ続く

＊サンティアゴ・デ・コンポステーラへの路

緒方　修

二〇一一年八月、フランスから北スペインを旅行した。目的は世界遺産・サンティアゴ巡礼路の取材だ。フランスではセーヌ河河畔のノートルダム寺院、モン・サン・ミッシェル、ヴェルサイユ宮殿などの世界遺産を巡った。サンティアゴ巡礼の出発点、サンジャック塔も訪れたが、それは前項の佐滝氏に譲り、本稿ではフランス・スペイン国境のピレネー山脈以西を取り上げることにする。列車やバスでの移動なので本来の巡礼とは苦労の度合いが違う。しかし中世からの路を辿ることで、少しは昔の巡礼者たちの想いを追体験することが出来たように思う。

八月二十六日（金）ビルバオ

パリ・シャルルドゴール空港からスペインのビルバオ空港へ。フランス国境からは約一〇〇キロ離れている。フランス入国時に必ず入国証明をもらっておけ、と旅行代理店から念を押されていた。ところが、ビルバオ空港にはチェックする係員もそれらしい受付もない。つまりフリーパス。タクシーの運転手は英語はまったく通じない。ホテルで自転車を借りてグッゲンハイム美術館へ。ここは現代美術館を誘致して街の活性化に成功した有名なモデル地区だが、今回の目的とは違うので見るだけ。ピカソの絵で有名なゲルニカもバスで行ける距離だが、あきらめる。近くの公園の横の通りを、ゆっくりとデモ隊が行進。何に対して抗議しているのか不明。取り締まりの警官は全員デストロイヤーのような覆面をしている。警察の武骨な車がセレナーデを流しながら先導。デモ隊の感情の爆発を抑えるためだろうか。静かな音楽がかえって不気味な雰囲気を漂わせている。この一週間はビルバオのお祭りとのこと。夜に花火があがったり、朝まで人通りが絶えなかった。

八月二十七日（土）サンセバスティアン（ドノスティア）

朝、十時十五分にサンセバスティアンに住む日本人の若い女性が迎えに来た。日本から頼んでいた案内人。まだ滞在一年足らずだが、語学学習のかたわらバル（ＢＡＲ）に勤めていて、かなりスペイン語も出来そうだ。トラムでバスセンターへ。バスの切符売り場に大きなリュックを背負って杖を突いている男がいる。巡礼者を初めて見た。フランス国境のピレネー山脈からサンティアゴ・デ・コンポステーラまで約八〇〇キロ。歩き通せば二ヵ月かかる。四国八十八ヵ所のお遍路巡りは約一二〇〇キロだから三分の二の距離だ。サンティアゴ巡礼路は野原や山道、石畳、車道と様々。全部歩き通さなくても最後の一〇〇キロを歩けば巡礼者と認めてもらえるらしい。ちなみに最後の一〇〇キロは人、馬、自転車しか通れない細い道だそうだ。

サンセバスティアンはスペイン語、バスク語ではドノスティア。バスで約一時間、山の中へ入ってゆく。珍しく雨。バスク地方は製造業などが盛んだ。南スペインと違って勤勉な人が多いそうだ。バスク独立派（ＥＴＡ）のメンバーが最近、サンセバスティアンの市長になった。昨日のビルバオでのデモは年配の夫婦が多かった。独立運動で逮捕された息子を釈放せよ、という父母達の要求だったようだ。帰国後、横断幕に何が書いてあるか、スペイン語に詳しい後輩に写真を送って尋ねた。バスク語はまったく分からない、とのこと。ここはスペインの南部に比べて経済状態が良く、移り住んで来る人もいるらしい。雨が止んだ。街の中のバルをはしごしながら昼食。お酒のつまみみたいに、小皿を一つ二つ取ってはワインを飲む。どこも満員に近い。土産物屋で、有名なイベリコ豚のハム、バスク印の黒いベレー帽を買った。四枚羽根のプロペラみたいな印が付いている。山の上でしばらく休息。「ビスケー湾の真珠」と呼ばれる高級避暑地が広がる。はるか下の海には無数のヨットが浮かび、青い海に白い帆がまぶしく光っている。フランス国境から十七キロ。つまり空港のあるビルバオからは少しフランス側に戻ったことになる。列車でサンティアゴに向かうにはここサンセバスティアンが起点になる。

八月二十八日（日）オビエド

ビルバオ発十二時半のバスで午後四時過ぎにオビエド着。アストゥリアス州の州都。かつてイスラム教徒に征服されたが、「七二二年のコバドンガの戦いでアストゥリアス王国の伝説的な王ペラーヨがアストゥリアスを奪回し、カンガス・デ・オニスにキリスト教徒の拠点を確保した」*1。これが最初のレコンキスタ（キリスト教における国土回復運動）だ。キリスト教徒なら肩入れしたい場所だろう。一九八五年に「アストゥリアス王国の教会」として世界遺産に登録され、九八年には三つの建物が追加されて、「オビエドとアストゥリアス王国の建築物」と改名された。代表的なサン・サルバドール大聖堂で写真を撮った。カテドラル（大聖堂）の横では、サンティアゴへ行くと言って帽子に小銭を集めている男がいた。身なりが貧しく、やる気もなさそう。どうもこれは偽巡礼者かもしれない。

八月二十九日（月）オビエド〜コバドンガ

朝から大聖堂へ。十時前だが、門が開いている。入ると、暗い中に観光客が前の方に固まって説明を聞いている。案内者はグループ以外にはほとんど聞こえないくらいの小さな声。オルガンのかすかな音が響き始め、正面の壁が下からの光で次第に明るくなってきた。金色に飾られた彫刻が前面に。十五メートルはありそうな壁面は両側が五階、真ん中が四階に分かれている。上にキリスト像が見える。次第に照明が落ち始め、再び影に包まれる。ステンドグラスを通した淡い光だけが注いでいる。再びコーラスが響き始める。天からの声に聞こえる。するとまた下からの照明が灯り、正面の金色の人物像が次々と照らし出される。壁面のこちら側では、胸の前で十字を切る男性、ちょっと膝をかがめ立ち去る女性。昔の巡礼者達は恍惚として見入ったに違いない。天国のような荘厳な雰囲気だ。

ここにはレオンの聖マルティン（?〜一二〇三）がオリエント世界への巡礼の途中に立ち寄

っている。「サンティアゴ教会やオビエド教会の聖遺物を訪ねたあと、ローマ経由でイェルサレムに入城する。アストゥリアス王アルフォンソ二世（在位七九一〜八四二年）の王宮の置かれたオビエドのサン・サルバドール教会は、レオン教会やブルゴス教会と並ぶ巡礼路都市の名刹のひとつであり、中世を通じて多くの巡礼者をひきつけた。」＊2

暗い中に二十分ほど座っていた。かすかな音楽と淡い光の饗宴に、心がいやされるようだった。正面の壁の横に告解室のような窓口がある。近寄って良く見ると機械の箱だった。一ユーロ入れると二分ほど灯りが付き、壁を照らすようになっている。照明が下からあたりやがて消えてゆく、それが二回繰り返された。私が見た幻のような荘厳な光景は実は商売熱心な教会の浄財集めの仕掛けだった。

十二時十五分のバスでコバドンガへ。ペラーヨがレコンキスタの拠点とした歴史的な場所。カンガス・デ・オニスで乗り換え、着いたのは午後二時十五分。サンタ・クエバ・デ・コバドンガ（コバドンガの聖なる洞窟）教会や洞窟内の小さな祭壇などを見る。教会の中は暗く、正面だけにわずかに光がさしている。十字架が下からの照明に照らされ、円天井にその影が映っている。正面はキリストと十二聖人だろうか。捧げられた生花の匂いが漂ってくる。家族連れの巡礼を見かけた。全員、杖を持っていた。近くの洞窟に入るとアベマリアが響いている。左手に燭台が並びところどころに蝋燭が灯っている。洞窟を抜けると、左側は絶壁となって落ち込んでいる。前方の窪みには二メートルほどの高さの小さな教会、というより教会の正面を模した飾り付けがある。窪みを背景に沢山の花に囲まれたマリア像。右手横にはペラーヨの墓だろうか。のぞくと中に柩のような長方形の白い石の棺が横たわっていた。霧雨が降り始めた。先にある湖まで足を延ばすことはあきらめカンガス・デ・オニスに戻る。レストランでアストゥリアス名物の豚の内臓と豆の煮物、マカロニ、赤ワイン、パン。四時十五分のバスで再びオビエドへ戻る。明日はレオンへ。これからサンティアゴへの巡礼者を見かける機会が増えるだろう。

八月三十日（火）レオン

オビエドからレオンへ。レオンのカテドラル（大聖堂）へ行った。午後四時までは休み。食事をして一旦ホテルで休憩。四時半頃から再び博物館見学。カミーノ（サンティアゴ巡礼の路）を紹介するヴィデオを見る。あとは貨幣、石に刻まれた文字など。カテドラルはステンドグラスがスペイン一とのこと。街を巡る二両連結のトレインに乗る。四ユーロ。聖マルコ広場や聖イシドロ教会などを見る。夕食はカテドラル通りへ。両側のマンションが同じ高さで、バルコニーには同じ花が飾られてある。ゆるい坂道がカテドラルまで続く。そこまでの道の両側がすべて花で飾られている。この風景を作りだす根底にあるのは、人々の美意識だろう。建築基準法や景観条例のような様々な行政の指導もあっただろう。日本では見られない整然とした美しい風景だ。カテドラル通りにはアロマテラピーのボトルの売店、薬局、マッサージ店があった。巡礼路には約七十種の薬草が生えていた、という。巡礼者の中には病気を患い、悩みを抱え、救いを求める人々がいた。未知の土地を歩き続け、時には薬草で癒しながらサンティアゴをめざした。ここにいるとレオンから聖ヤコブが眠る土地・サンティアゴまでは二〇〇キロ以上、一週間後には到達する。巡礼者達の聖地への期待が伝わってくるようだ。かつて病のため旅を断念せざるを得なかった人々はレオンの「ビヤフランカ・デル・ビエルソにあるサンティアゴ教会の「赦しの門」にひざまずくことでサンティアゴ・デ・コンポステーラまで到達したものとみなされ」*3た、という。

　広い石畳の歩道には人びとが溢れている。真ん中をかき分けるようにタクシーがゆっくりと抜けてゆく。店の前に出された椅子に座る。ガウディが設計した建物のすぐ近く。前の広場のベンチには、帽子をかぶって脚を組んだガウディの像が座っていた。街を歩く人を何百人も見ているが、黒人はわずかに五人のグループ、東洋系はたった一人、アラブ、インドなどは皆無。九九パーセントが白人だ。

ガウディと一緒に

八月三十一日（水）レオン～サンティアゴ・デ・コンポステーラ

　午前中にアラブ系の女性を一人見かけた。黄色系のヘジャブをかぶった大柄な女性。博物館では四十代らしい日本人夫婦。レオンで日本人を見かけたのは初めて。

　朝から聖イシドロ教会、聖マルコ広場、博物館などを見て回る。教会、博物館の両方でリュックを背負った女性を見かけた。聞くと、サンティアゴへ徒歩で向かう、ドイツから汽車で来た、とのこと。博物館がいくつもある。古い貨幣のコレクション、アレキサンダー大王の足跡を記した展示など。カテドラル付属のもの、教会付属の博物館など市内に四〜五ヵ所、車で三十分の郊外にもある。教会はどれも壮大な建物ばかり。「モザイク国家スペインでは統治のために宗教が必要であった」と『スペイン巡礼史』にある。

二時十八分の汽車で最終目的地サンティアゴ・デ・コンポステーラへ。約六時間の移動。

キリスト教にとって、移動は独特の意味を与えられている。「六世紀の末、西の果ての土地アイルランドから、大陸ヨーロッパの修道制と宗教生活に刷新をもたらす風が吹いた。生まれた土地を離れて旅することが贖罪の一つのあり方とみなすアイルランド人独特の漂泊への思い」＊4、そして西暦一〇〇〇年頃には巡礼が活況を呈するようになる。人々は聖人の残した聖遺物を求めて、遠路をいとわず故郷を後にし始める。

車窓にはどこまでも続く牧場、小さな村、城や小さな教会も見かける。広告の看板がないのが良い。巡礼の路に商業主義はふさわしくない。サンティアゴまでの巡礼路には、ところどころに案内板が立っている。あるいは建物の壁に黄色い矢印が書かれていてそれを辿れば目的地のサンティアゴに辿り着く。レオンでは歩道に帆立貝の金色のマークが埋められていた。フランスでは帆立貝のことをコキーユ・サン・ジャックと言う。聖ヤコブの貝。この貝と杖、ひょうたんが巡礼の象徴だ。ひょうたんは水筒に代わったが杖と帆立貝は健在。サンティアゴ巡礼路のあちこちに帆立貝をモチーフとした案内板がある。

サンティアゴ巡礼のガイドブックは日本でも数種類発行されている。そもそもガイドブックの始まりとされるのが「十二世紀半ばに西南フランスのポワトゥー地方の司祭エムリー・ピコーによって書かれたとされる『サンティアゴ巡礼案内』であろう。（略）地域や時代を問わず、祈りの旅を実践する巡礼者の主要な関心事は、宿泊施設と食事、安全の確保であり、現世と来世での救いの源泉である聖人の遺骸への参拝であった」＊5

歩道に埋め込まれた金色の帆立貝

十二世紀には、サンティアゴ巡礼者の保護を任務としたサンティアゴ騎士修道会（騎士団）が創設された。巡礼者は途中の安全が保障されるようになった。のちに巡礼者達は聖ヤコブ兄弟団を、フランス、イタリア、ドイツ、ネーデルラント、フランドル地方などで組織した。こうしたヨーロッパ各地のネットワークに支えられてサンティアゴ巡礼はエルサレム、ローマに並ぶ三大巡礼へと発展した。贖罪、病気の治癒、奇跡の発現などを願って人々は西へ西へと旅を続けた。

サンティアゴ・デ・コンポステーラ駅到着は夕方八時。こちらではまだ明るい。

九月一日（木）サンティアゴ・デ・コンポステーラ

三時頃、目が覚めてしまった。旅も終りに近づいている。今回の旅の目的は「集中講義・世界遺産巡り」の教材作成だ。世界文化遺産「琉球王国のグスクと関連遺産群」が登録されたのは二〇〇〇年のこと。県の文化財課の職員達がねじり鉢巻きで調査し、企画書を書き、イコモス（国際記念物遺跡会議）に提出した。それが認められて登録に至ったのだが、県民一体となって望んで盛り上がって獲得した成果ではない。だから沖縄県民はどこか他人事。県の幹部も琉球王国の遺産が「世界の宝」とは認識していなかった節がある。ピラミッドやマチュピチュと肩を並べるような「顕著な普遍的価値」（世界遺産条約より）があるとは思っていなかったのだ。昔の貴重な建築物も石垣も、歴史を知らなければ瓦礫の山と同じ。何故このような素晴らしい世界遺産を沖縄県民は教育資源として活用しないのか。いわば義憤にかられて四年前から沖縄大学で集中講義を開始した。土曜教養講座を毎年開催し、映像教材や本を作成した。今回サンティアゴへ来たのは、一〇〇〇年前から続く熊野古道、さらには沖縄の巡礼路との比較が念頭にあった。サンティアゴ巡礼路と熊野古道は、道の世界遺産同士で姉妹関係を結んでいる。沖縄も歴史は浅いが北と南を∞の字に結ぶ巡礼路がある。今帰仁上り《なきじんぬぶい》、東御廻り《あがりうまーい》だ。琉球史に輝く道、世界遺産のメビウスの輪と呼んで四国の八十八ヵ所巡りに倣ったエンドレスの巡礼路に育てることは出来ないだろうか。聖ヤコブに匹敵するような聖人、聖遺物、そして奇跡の再現などの一連の物語が必要だ。そもそも聖ヤコブが亡くなったのは二〇〇〇年近く前。その後九世紀にレコンキスタを煽るようにサンティアゴ（聖ヤコブ）の墓が「発見」された。

「鰯の頭も信心から」と言ってしまっては身も蓋もないが、政治や宗教や商売の様々な要請によって「捏造された聖地」であることは間違いない。十九世紀後半には、サンティアゴ教会で発掘調査が実施され、失われた聖ヤコブの遺骸が「再発見」される。本稿は、『ヨーロッパの中世④旅する人びと』（関哲行著、岩波書店）を下敷きにして書いているが、この本では現代に至っても、聖ヤコブの政治的利用が謀られてきたことが記されている。「第二次発掘調査が開始されるのは一九四六年、フランコが聖ヤコブを報じた宗教行列を行うのは一九四七年である。国連でスペイン排斥が採択され、フランコ体制が重大な危機に直面したのが、この時期であったことは注目してよい。」独裁者は、体制の危機を宗教で挽回しようとした。そしてなお現代、歩いてこの道を辿る人々がヨーロッパを中心に年間十万人と推定されている。一九九九年にサンティアゴ教会を訪れた巡礼者、旅行者総数は一一〇〇万人を数えたという。

何故こんなに人が集まるのだろうか？　スピリチュアル・ブームにいかれた人々ばかりが来ている訳ではなさそうだ。サンティアゴ巡礼はマストゥーリズムの原点とも言われる。小さな冒険、出会い、出直しなどの期待が満たされるからではないか。私のようにキリスト教などテンから信じない、歩くのも面倒で列車で到着した不信心かつ不精者でも「聖地」到着に多少の高揚感を覚える。

六時に再び寝る。八時半に起きる。雨、今日は「喜びの丘」まで行くつもりだが、これでは風景が映らない。巡礼者達がピレネー山脈から二ヵ月、パリから歩き始めた人はその二倍以上もかけて、ようやくたどり着く丘。はるか下方に大聖堂の尖塔を望み、聖地に入る前には身を

喜びの丘

清め祈る。病人は王立施療院で治療を受ける。私が今いるのはその建物があった場所に建てられた豪華ホテルだ。五つ星ホテルの朝食は贅沢だ。キャビアまで並んでいた。部屋のベッドは室内なのに天蓋付き、しかしトイレのドアは閉まらない。これもいかにもスペイン的一面かもしれない。

小雨の中、タクシーで「喜びの丘」にある塔へ向う。雨が止んだ。遠くの畑の中を巡礼者が列をなして歩いている。丘の上の塔へ到着。ローマ法王が訪問した記念に建てられた塔だ。巡礼者のグループがあちこちで休憩している。撮影したレポートを再現してみよう。

①「ようやくサンティアゴ・デ・コンポステーラの市街を望むところに来ました。パリから一六〇〇キロ、フランスとスペインの国境にあるピレネー山脈からもおよそ八〇〇キロ。歩けばおよそ二ヵ月の長い旅路です。」

雨はすっかりあがり青空が広がっている。やや下方にある丘へ向う。そこには二人の青銅像の聖人がはるか彼方を望んでいた。大人の二倍くらいの高さだ。

②「ローマ、エルサレムと並ぶ巡礼都市、サンティアゴ・デ・コンポステーラは十二世紀に盛んに巡礼が行われました。ここはヨーロッパ人にとって当時は西の果てでした。アメリカ大

陸が発見されるのは三世紀後の話です。海に日が沈み、そしてまた日が昇る。この地は人間が死に、そして再生する象徴と考えられていました。」

サンティアゴの街に着くと、道路や家の壁に黄色い矢印が描かれている。それを辿っていくとサンティアゴ大聖堂の前の広場に出る。大聖堂の地下の礼拝堂に目指す聖人の柩が横たわっている。

③「ここに聖ヤコブの柩があります。銀製の（人体の半分くらいの）柩でした。スペイン語ではサンティアゴ、英語ではセイント・ジェームズ、フランス語ではサンジャック。帆立貝のことをコキーユ・サンジャックと言います。サンチャゴ巡礼は帆立貝と杖を象徴としていました。」

大聖堂の天井に吊るされた巨大な香炉が煙を振りまきながら振り子のように往復する。その下で十字を切りながら祈る巡礼者達。サンティアゴの紹介に必ず出てくる場面だ。もともと「巡礼者達の汗の臭いを和らげるために使用されている」＊7。前の広場では着いたばかりの巡礼者達が思い思いに脚を投げ出して休んでいた。

大聖堂に直角に接するようにパラドール（五つ星の

ようやくサンティアゴの広場にたどり着いた巡礼者

国営ホテル）がある。中は美術館といって良いくらいに各階の廊下に陶器や絵が飾られている。かつて病室が並んでいた中庭の廊下で次のシーンを撮った。

④「ここはサンティアゴ王立施療院でした。今は国営のホテルになっています。施療院とは病院のことです。昔の人は病気になっても貴族や一部の支配層を除き、医療サービスを受けることが出来ませんでした。しかしここでは巡礼者達は宿泊や食事、医療サービスを受けることが出来ました。いわば病院の発祥の地といっても良いと思います。」

関哲行氏の『スペイン巡礼史』は十七世紀の例を挙げながら、ここの宿泊者は「健常者よりも罹患した巡礼者の方が多く、巡礼者の死亡率も高かった。医療サービスが支配層にほぼ独占されていた中近世の民衆にとって、サンティアゴ巡礼路は『医療の社会化』をも意味したのである」と述べている。また巡礼者達の平均年齢は四十五歳よりももっと低かった可能性があるとし、その頃の寿命は三十歳から三十五歳、死や来世を意識し始める中高年が巡礼者の多数を占めたのであろうか、と推測している。

これで仕事は一段落。途中から青空に変わり、撮影にはもってこいの晴天に恵まれた。サンティアゴ・デ・コンポステーラには美術館、博物館が十七ヵ所もある。この街の人口は十三万五千人、サンティアゴ大学の学生が約三万人。学生の街、博物館の街でもある。カテドラルの中、ガリシアの歴史が分かる所、最後に巡礼博物館と三ヵ所を回った。巡礼博物館の最初の展示物は熊野古道で使われるわらじだった。大聖堂の近くの売店で中世風の絵葉書、帆立貝のキーホルダーなどのお土産を買った。

大聖堂から少し石畳を上がった所に修道院があった。近くでフルートの音色が響き始めた。男性トリオが演奏している。しばらく聞いていた。思い出した。「アランフェス協奏曲」。ポルトガルのファドの女王アマリア・ロドリゲスの曲だ。知人がポルトガルからわざわざ熊本の天草まで呼んで演奏会を開催したことがある。次はギターから始まった。アンドレ・セゴビアの演奏で有名な「アルハンブラの思い出」。CDが置いてあった。いずれもなじみの曲ばかり。十ユーロをギターケースに入れて、一枚買った。

夕食は近くのレストランで。石造りの建物に囲まれた中庭。子牛のステーキは固い、ガリシア風の魚炒めは味が薄い、付いていたポテトだけがうまかった。スペイン最後の夜。周りは家族連れや巡礼者達。彼らも今夜はホテルに泊り、くつろいでいる。

八〇〇年も続く巡礼の路。私の旅は、苦難の末、歩いて辿りついた訳でもなく、治癒を願う切羽詰まった事情があった訳でもない。好奇心にかられ、十一日間を費やしてはるばるパリと北スペインを取材した。「取材は最高の観光」。これは私の放送記者

サンティアゴ大聖堂

時代から変わらぬ信念だ。今回は「道の世界遺産」を辿る旅だった。聖ヤコブの物語が作られ、聖遺物を求めて人々が実際に移動を重ねる。そのうちに宿泊所、教会、施療院などが建てられ、騎士団、兄弟団などの組織も整ってゆく。「巡礼」が及ぼす力を肌で感じることが出来た。

＊1 ウィキペディア
＊2 関哲行『スペイン巡礼史―「地の果ての聖地」を巡る―』講談社現代新書
＊3 カスティーリャ・イ・レオン― MINISTERIO DE ECONOMIA
＊4『西ヨーロッパ世界の形成　世界の歴史⑩』中公文庫
＊5『ヨーロッパの中世④旅する人びと』岩波書店
＊6 関哲行『スペイン巡礼史―「地の果ての聖地」を巡る―』講談社現代新書
＊7 サンティアゴのすべて― ESCUDE DE ORO

第4章
新たな世界遺産に向けて

奄美・琉球を世界自然遺産へ

岡野　隆宏

はじめに

二〇一三年一月末に「奄美・琉球」[*1]の暫定リストが提出された。暫定リストの提出は、国として世界遺産に推薦する意志を正式に表明する手続きである。二〇〇五年に知床が、二〇一一年に小笠原諸島が世界遺産となり、二〇〇三年に環境省と林野庁が設けた専門家による「世界自然遺産候補地に関する検討会」で選定された候補地で、唯一残った奄美・琉球の世界遺産に向けた取組みがいよいよ具体的に動き始めたことになる。[*2]

二〇〇三年の検討会で、奄美・琉球の自然の価値は高く評価されたが、絶滅の恐れのある動物の生息地などが法律によって十分に保護されていないことなどが課題として指摘され、ここに至るまでに一〇年近い時を要してきた。関係行政機関や地域の取組みによって、いくつかの前進がみられるものの、本格的な課題の解決はこれからである。

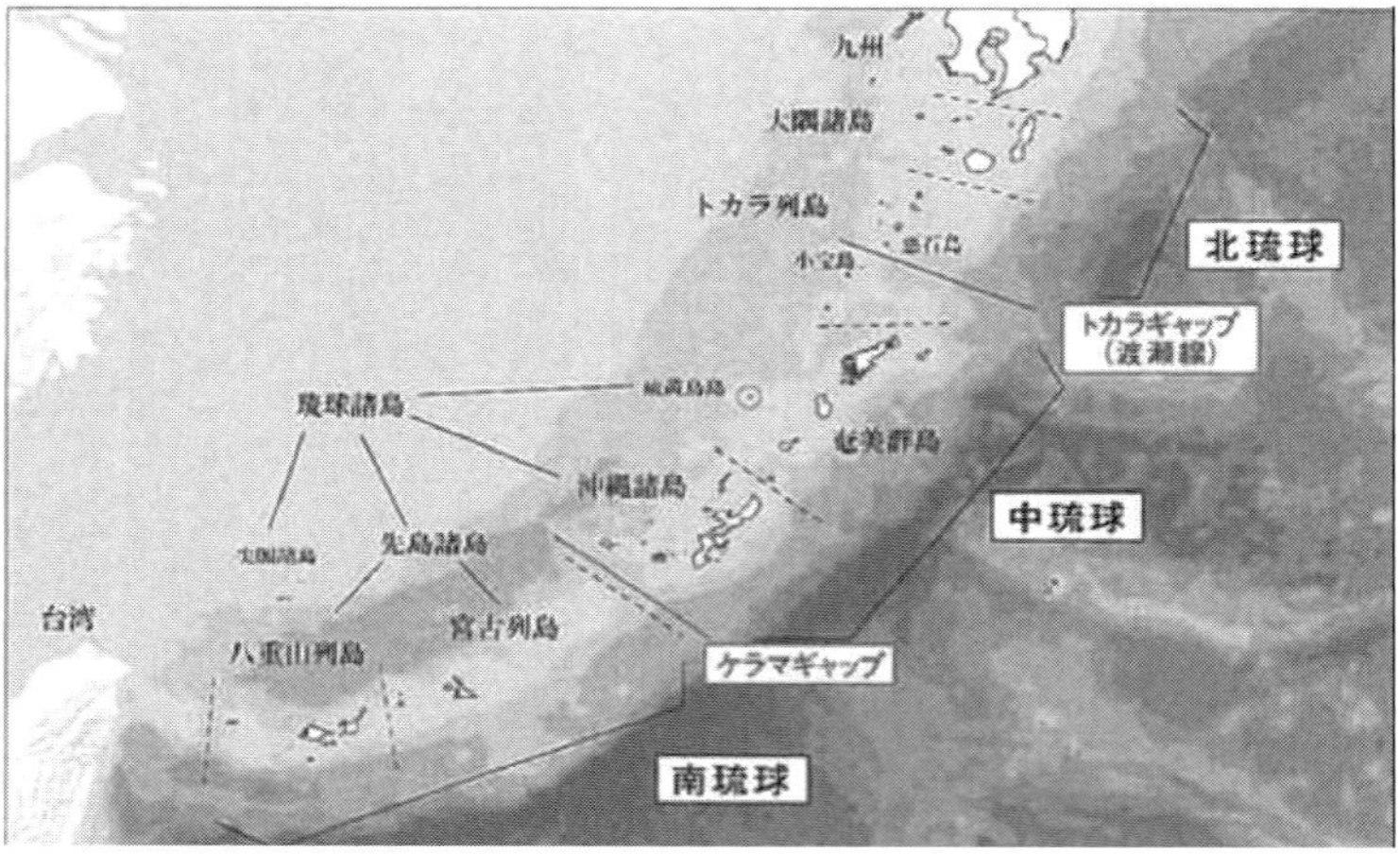

図１　琉球弧の島々

本稿では、暫定リスト提出を機に、奄美・琉球の自然が持つ世界的な価値を整理するとともに、世界遺産に向けた課題と取組みを紹介したい。また、特色ある本地域の自然と文化を保全し、地域の暮らしを豊かにするために果たすべき世界遺産の役割について考えてみたい。

一、森が育む生命

ユーラシア大陸の東、日本列島の九州から台湾に弓状に連なる島々。北緯二四度から三〇度の亜熱帯に位置し、南北一二〇〇キロメートルにおよぶ琉球弧の島々である。その中に、世界遺産が期待されている奄美群島と琉球諸島がある（図１）。

水深によって色を変える青い海、まぶしいほどの白い砂浜、サンゴに群れ泳ぐ熱帯魚。私たちが抱く南の島のイメージである。しかし、世界遺産の候補として注目を浴びているのは、一見するとうす暗い、旺盛な生命力を持つ森である。北上する暖かな黒潮が水蒸気を大気に供給し、雨となってこの森を包み、育んでいる。

奄美・琉球の森は一年中緑に覆われている。地球儀を回して、同じ緯度の世界をみてみよう。アメリカ大陸はメキシコ、アフリカ大陸はサハラ砂漠だ。乾燥した場所が多いのがわかる。奄美・琉球に広がる湿潤な森は、それだけでも珍しい。温暖で雨が多い気候が、シイやカシの仲間からなる亜熱帯性の照葉樹林を育んできた。シダ類も豊富で、木生のシダであるヒカゲヘゴは一〇メートル以上の高さになる。樹の枝や幹にも植物が茂る。地面に根を下ろさず、樹の上や岩などに根を張って生活する植物を着生植物というが、直射日光が当たらない湿った森は着生植物の宝庫でもある。

奄美大島の湿潤な森林

ヒカゲヘゴ（西表島）

奄美・琉球の森はその濃密な緑の中に、長い時を超えて紡がれた多くの生命を宿している。奄美大島と徳之島に生息するアマミノクロウサギ、沖縄島北部のやんばると呼ばれる地域に生息するヤンバルクイナ、西表島に生息するイリオモテヤマネコ。いずれも世界でここにしか生息しない。わが国の生物のトップスターたちが、この森に生きている。奄美・琉球の島の面積は三二六八平方キロメートルで、国土面積の一%に満たない。しかしながら、わが国で確認された種のうち、哺乳類の二五%、陸生爬虫類の六六%、両生類の三六%が確認されている。また、植物の多様性も極めて高く、主要な島群それぞれに一〇〇〇種以上の顕花植物が生育している。

二、島の歴史と生物相の成り立ち

琉球弧の島々はかつてユーラシア大陸の一部であった。約一五〇〇万年前以降の沖縄トラフの形成と拡大によって大陸から分離し、その後に続く激しい地殻変動による隆起や沈降、約一七〇万年前以降の気候変動に伴う海水準の変動、サンゴ礁の発達に伴う琉球石灰岩の堆積などを経て今の島の姿になったと考えられている。

島に生きる生物は島の歴史を反映している。大陸との分離により当時の陸生生物を乗せたまま島となり、島の時間を刻むことで生物は独自の進化を遂げた。島はさらに小さな島に分かれ、生物もそれぞれの島で別の種へと進化した。さらに約一七〇万年前から特に顕著となった気候変動に伴う海水準の上昇・下降の反復により近隣島嶼の間で分離と結合が繰り返されると、生物も隔離と交流が繰り返された。同時に、これまでに発掘された化石から明らかなように、島の環境の変化などによって多くの種が絶滅し、その姿を消していった。複雑な島の成り立ちを反映して、ひと連なりの島々であるにも関わらず、島ごとに異なる多様な生物が見られるのが奄美・琉球の生物相の特徴である。

海水準の変動による島の分離と結合は、海底の地形に大きく関係する。海底地形をみると、一〇〇〇メートル以上の深さの切れ目が二ヵ所ある。トカラ列島の悪石島と小宝島の間にあるトカラギャップと、慶良間諸島の南にあるケラマギャップである。

生物の分布がこの二つのギャップを境に大きく異なることが知られている。例えば、毒蛇であるハブの仲間はトカラギャップより北には生息しない。そして、ケラマギャップを境に北にハブ、南にサキシマハブが分布している。このため、琉球弧の生物を考える際は、トカラギャップ以北を北琉球、トカラギャップとケラマギャップの間を中琉球、ケラマギャップ以南を南琉球と区別して扱われる（図1）。トカラギャップは世界的な生物の分布でも大きな境目となっており、「渡瀬線」と呼ばれている。

世界でその地域にしか生息しない種を「固有種」という。奄美・琉球の島々は固有種の宝庫である。なかでも陸生爬虫類及び両生類の固有種率の高さが特筆される。陸生爬虫類では在来種五九種のうち四七種が固有種であり、固有種率は約八〇%と非常に高い割合を示している。また、両生類では在来種二三種のうち一八種が固有種であり、固有種率は約七八%となっている。植物相については、主要な島群それぞれに一〇〇〇種以上の顕花植物が生育しており、そのうち合計一二〇種が奄美・琉球に固有である。すなわちこれらの動植物がこの地域から姿を消すことは、地球上から姿を消すことを意味している。

中琉球の島々には近縁種が近隣地域に見られない「遺存固有種」が多い。これは遅くとも一七〇万年前には大陸及び近隣の島嶼群から隔離されたことにより、かつて近隣地域にも分布していた種が絶滅してゆく中、新たな捕食者や競争相手が海を越えることができなかったため、中琉球に生き残ったからだと考えられている。いわば中琉球は古い大陸の生物を乗せた方舟《はこぶね》である。アマミノクロウサギ、ケナガネズミ、アマミトゲネズミ、トクノシマトゲネズミ、オキナワトゲネズミ、ヤンバルクイナ、リュウキュウヤマガメ、オキナワイシカワガエル、アマミイシカワガエルなどは中琉球の固有種であり、遺存固有種である。

一方、北琉球と九州、南琉球と台湾は共通する種も多い。これは、地球が寒かった氷期には大陸の氷河に水が蓄えられて海水面が一〇〇メートル以上も下がり、北琉球は九州と、南琉球は台湾を経由して中国大陸と、それぞれつながったためだと考えられている。

三、島に生きる多様な生物たち

アマミノクロウサギ

夜の林道をゆっくりと車を走らせる。ヘッドライトの光の中に黒いものが動き、丸いおしりが草むらの中に消えた。ゆっくりした動きとずんぐり丸い身体が愛らしい。アマミノクロウサギである。奄美大島の夜の森が見せる、昼間とは別の表情。木の枝で小さなフクロウ、リュウキュウコノハズクが私たちを丸い目で見つめている。運が良ければ、アマミヤマシギやケナガネズミにも会うことができる。

「昼間の森ではあまり動物の気配を感じることが出来ないのですが、夜になると多くの動物に会うことが出来ます。でも、ヘッドライトの光はとても強くて、クロウサギたちには大きなストレスです。」

案内してくれたガイドが話してくれた。

アマミノクロウサギは、奄美大島及び徳之島のみに生息する一属一種のわが国の固有種である。ウサギ類の他の種と比べると、足と耳が短く、一般的なウサギのようにピョンピョンとは跳ねない。遺伝的情報からみると約一〇〇〇万年前に他の種と分岐したと推定されており、その起源とともにウサギ科の進化を解明するために学術的に極めて貴重な存在とされている。

本種の祖先は化石種プリオペンタラーグス（**Priopentalagus**）と考えられており、化石は東欧や中国大陸の揚子江流域で発見されている。さらに、沖縄本島において前期更新世（約一七〇万年前から約一三〇万年前）の地層と更新世中期（約四〇万年前）の地層からアマミノクロウサギ属（**Pentalagus**）の化石が発見された。「生きた化石」ともいわれる所以である。

本種はかつて広く大陸に分布していたが、ほとんどの地域において新たなウサギ類や他の生物との競争、環境の変化などのなんらかの理由によって絶滅してしまった。しかし、古い時代に島と

アマミノクロウサギ

して切り離された奄美大島と徳之島には、競合する生物の侵入などがなかったために生き残ってこられたと考えられる。「遺存固有種」の典型である。

アマミノクロウサギは草食で、原生的な森の中の斜面に巣穴を作り、草本が多い沢や森林を採食場所として利用している。繁殖は年に一～二回行われ、子育て用の穴を掘って子を産み、親が一～二日に一度授乳に訪れる。その愛くるしい姿と子育ての様子が知られるようになって奄美の森のシンボル的な存在になっている。

二〇〇三年に森林総合研究所によって推定された生息個体数は、奄美大島においては二〇〇〇頭から四八〇〇頭、徳之島においては二〇〇頭前後とされ減少が懸念されている。原因は、マングースやノネコなどの人の手によって奄美大島の森に持ち込まれた外来生物の影響、開発行為や森林伐採による森の減少や分断と考えられている。

ヤンバルクイナ

「ケーケケケケ……」ヤンバルクイナの鳴き声が森に響く。

ヤンバルクイナは世界で沖縄島北部のやんばると呼ばれる地域だけに生息する大型の飛べない鳥である。「やんばる（山原）」とは、「山々が連なり森の広がる地域」を意味する言葉だとされる。その範囲について明確な定義はないが、ここでは、ヤンバルクイナをはじめとする多くの固有種が生息する森が比較的健全な状態で残っている国頭村、大宜味村、東村の三村をやんばると呼ぶ。

ヤンバルクイナは太くて丈夫な足で森を走り、太くて大きなくちばしでミミズやカタツムリなどを食べる。やんばるの道路を走ると、ヤンバルクイナが飛び出してくるところに遭遇することがある。大きな体に鮮やかな色、そして足の速さに驚かされる。同時に事故にならなくて良かったと胸をなで下ろす。

ヤンバルクイナの祖先種も他の鳥と同じようにかつては空を飛んでいた。しかし、しだいに飛ぶことをやめ、走り回るようになった。やんばるの森には強力な捕食者となる肉食獣がおらず、地上に豊富な餌があるため、沖縄島に生き残ることができたと考えられている。夜は、ハブを避け、木に登り太い枝にとまって休む。卵は地上に巣を作って産む。

ヤンバルクイナ
（環境省那覇自然環境事務所提供）

ヤンバルクイナロードキル
発生防止キャンペーン
（環境省那覇自然環境事務所提供）

生息個体数は一〇〇〇羽前後と推定されており、国際的な絶滅のおそれのある種に指定されている。生息を脅かしているのが、外来生物として持ち込まれた肉食獣であるマングースやノネコの影響、交通事故、林道建設や森林伐採などによる生息地の減少や分断である。長い間、肉食獣のいない森で、地上生活を送ってきたヤンバルクイナは、マングースやノネコに襲われたらひとたまりもないだろう。交通事故も毎年三〇件以上確認されており大きな脅威となっている。

イリオモテヤマネコ

南琉球に位置する西表島はほぼ全島が森に覆われている。島の半分は道路が無く、森から海まで連続した自然が残る島である。イリオモテヤマネコはこの島の代表的な生物として有名であるが、観光で訪れても見る機会はほとんど無い。個体数が少なく、主に夜行性であるためだ。

イリオモテヤマネコは西表島だけに生息する野生のネコである。学問的な発見は一九六五年と比較的新しいが、島民の間では以前から存在が知られており「ヤマピカリャー」や「ヤママヤー」と呼ばれていた。発見時は一属一種とされたが、現在ではユーラシア東部から南アジアに分布するベンガルヤマネコの亜種とされている。遺伝的情報で見ても、ベンガルヤマネコと分岐したのは二〇万年以内と推定され、二〇万年〜二万年前に南琉球が台湾を経由して中国大陸とつながっていたとされる時代に西表島に渡ってきたと考えられている。

やんばるの森（長尾橋）

ところで、西表島の面積は肉食獣であるネコ科が生息する島嶼としては極端に小さい。イリオモテヤマネコは在来のオオコウモリの他、外来種のクマネズミも餌としているが、トカゲ、ヘビ、カエル、コオロギなどの昆虫、鳥類、テナガエビなど様々な生物を餌としている。食性の幅を広げて小さな餌を食べることで、小さな島に生き残ってきたと考えられている。餌となる生物は河川や沢が複雑に入り組んでいる島の低地部に豊富であることから、イリオモテヤマネコは山の中よりも低地部で密度が高いことが知られている。大きな河を泳ぐ姿が目撃されており、水に入ることを嫌がらないのもネコ科としては珍しい。

個体数は全島で一〇〇頭前後と推定されており、絶滅の危険性が高い種とされている。減少の要因は、海岸部における土地利用改変、道路建設、交通事故などが考えられている。また、近年はガイドツアー増加により、これまでに人がほとんど入らなかったところに人が入るようになり、ヤマネコの生息環境に影響を及ぼすことも懸念されている。

アマミイシカワガエルとオキナワイシカワガエル

日本で一番美しいともいわれるカエルが奄美大島とやんばるの森の渓流にいる。アマミイシカワガエルとオキナワイシカワガエルである。

イリオモテヤマネコ
（環境省那覇自然環境事務所提供）

奄美・琉球はカエルが多いのが特徴である。日本全土で在来種は四二種が確認されているが、半数以上の二一種が見られる。しかも、一七種が奄美・琉球の固有種である。アマミイシカワガエルとオキナワイシカワガエルは、近縁種が周辺に存在せず遺存固有種と考えられている。

奄美・琉球が現在の形になってから、もとは一つの種だった生物が交流を失い、島ごとに別々の種に進化する例がある。このような数万年の隔離による種の分化は「新固有」といわれるが、奄美大島に生息するアマミイシカワガエルと、沖縄島北部に生息するオキナワイシカワガエルはこの関係にあると考えられる。

オキナワイシカワガエル

生物の進化は常に進行している。奄美・琉球は新固有の状態の種や島ごとの亜種などの事例が豊富に見られるのも特徴である。例えば、奄美・琉球から台湾までの地域で五種に分化しているハナサキガエル類や、徳之島と沖縄諸島の間の限られた島嶼のみに分布し、五亜種に分化しているクロイワトカゲモドキなどがその典型である。

四、世界遺産の条件

世界遺産は「世界の文化遺産及び自然遺産の保護に関する条約：Convention concerning the protection of the world cultural and natural heritage（以下「世界遺産条約」）」に基づいて登録される。[*3] 世界遺産条約の目的は、顕著な普遍的価値を有する遺跡や自然地域などを人類全体の遺産として世界遺産に登録し、保護・保存のための国際的な協力及び援助の体制を確立し、将来の世代に伝えていくことである。具体的には、自然災害や紛争などで、世界遺産が破壊や荒廃などの危機にさらされた際には、国際社会が協力して専門家の派遣や資金援助を行って、保護や修復を支援する。世界遺産はそれだけの価値を持つものでなければならず、厳しい審査を経て登録される。

審査の際にキーワードとなるのが「顕著な普遍的価値」である。これは、「国家間の境界を超越し、人類全体にとって現代及び将来世代に共通した重要性をもつような、傑出した文化的な意義及び／又は自然的な価値を意味する」と定義される。顕著な普遍的価値の判断を具体化したものがクライテリア（審査基準）である（本書四三〜四四頁参照）。

世界遺産に登録される第一の条件は、審査基準の一つ以上に合致し、類似の価値を持つ世界中の地域と比較して特徴ある地域であると認められることである。第二の条件は「完全性」と呼ばれるもので、世界的な価値を証明するのに必要な要素が揃っており、十分な規模があって、かつ損なわれていないことである。そして、第三の条件は、将来的に守られる仕組みが出来ていることで、具体的には、保護地域（法律などにより人為的改変が制限される地域）に指定されていること、将来に向けて保護や管理を行っていくための計画があることなどである。加えて、近年では地域の理解や協力も重視されている。

二〇一二年末現在の世界遺産条約の締約国数は一九〇ヵ国、自然遺産の登録件数は一八八件で複合遺産と合わせても二一七件である。平均すれば一国あたり約一件しかなく、この数字が審査の厳しさを物語っている。

五、世界遺産としての価値

提出された暫定リストによれば、奄美・琉球はクライテリアの（ix）と（x）に適合すると主張されている。

クライテリア（ix）については、ここまで述べてきたように、大陸との分離・結合を繰り返した地史を反映した、大陸島における生物の侵入と隔離による種分化の過程を明白に表す顕著な見本であるとしている。

クライテリア（x）については、ＩＵＣＮ[*4]が策定するレッドリストに記載されている多くの国際的希少種の重要な生息・生育地となっているなど、世界的に見ても生物多様性保全上重要な地域であるとしている。

国際的希少種は、先に紹介したイリオモテヤマネコ（ＣＲ：Critically Endangered 絶滅の危険性が高い種）、アマミノクロウサギ（ＥＮ：Endangered 絶滅のおそれのある種）、ヤンバルクイナ（ＥＮ）、オキナワイシカワガエル及びアマミイシカワガエル（現時点では両種をイシカワガエル（ＥＮ）として記載）のほか、オキナワトゲネズミ（ＣＲ）、アマミトゲネズミ（ＥＮ）、トクノシマトゲネズミ（ＥＮ）、ケナガネズミ（ＥＮ）、ノグチゲラ（ＣＲ）、ルリカケス（ＶＵ）、リュウキュウヤマガメ（ＥＮ）、ヤエヤマセマルハコガメ（ＥＮ）、クロイワトカゲモドキ（ＥＮ）、イボイモリ（ＥＮ）、コガタハナサキガエル（ＥＮ）などが生息する。そのほとんどがＩＵＣＮレッドリストに記載（ＶＵ以上）された陸生動植物は五〇種を超える。奄美・琉球のみに生息・生育する固有種である。

また、国際的な比較では、奄美・琉球と同緯度で大陸との関連を有する島嶼のいくつかは既に世界遺産に登録されているが、その顕著な普遍的価値は奄美・琉球が主張するものと異なっていると説明されている。未登録地ではカリブ海諸島が比較対象として挙げられているが、島孤形成と生物の侵入・隔離に関しては、地史から推測されるよりも新しい時代に海を越えて拡散した可能性を示唆する新たな知見も報告されており、学問上の議論が継続しているとしている。

完全性については、多様かつ固有な動植物と、その生息・生育を確保するための十分な亜熱帯林を含み、河川水系を通じて沿岸域の藻場、干潟、サンゴ礁に至る生態系の連続性を有し、上述の顕著で普遍的な価値を構成する要素のすべてを含むとともに、価値を維持するのに十分な範囲が包含すると説明されている。

六、世界遺産の保全上の効果

改めていうまでもなく、世界遺産は登録が目的ではない。世界的に価値のある自然を、地域とともに保全し、活用していくための手段である。世界遺産となった地域の例を見れば、世界遺産が地域の生物多様性保全に果たす役割は大きい（岡野　二〇〇八、二〇一二）。

世界遺産への議論は、多様な思いをもつ地域の関係者をつなぎ、地域の自然や文化を見直す契機となる。小笠原諸島では、世界遺産を目指す過程において地域の自然に対する保全意識が向上し、外来生物対策などへの関心が高まった。

また、国際社会に対して国が地域の保護管理に責任を持つことで、省庁連携が促され、分野横断的な取組みが進みやすくなる。わが国の自然遺産で行われている世界遺産地域連絡会議と世界遺産地域科学委員会の設置による合意形成と科学的知見に基づく保護管理は、日本の国立公園などの保護地域における先駆的な取組みであり、国際的にも評価が高い。地域連絡会議は、関係行政機関（環境省、林野庁、都道県、市町村など）と地域の関係団体で構成され、適正な管理のあり方の検討や関係機関の連絡・調整が行われている。科学委員会は学識経験者で構成され、自然環境の保全・管理等について科学的な見地からの検討を行い、世界遺産を管理する関係行政機関に助言を行っている。両者が連携協力することで、科学的知見に基づく順応的管理[*5]が試みられている。知床では、海と陸との繋がりを回復するための河川工作物の改良が行われ、持続的な水産資源利用による安定的な漁業の営みと海洋生物や海洋生態系の保護管理の両立を目標とする多利用型統合的海域管理計画が策定された。小笠原諸島では生物同士の関係に注目した外来生物対策の具体的なアクションプランが作成され効果を上げている。

加えて世界遺産は地域の知名度を格段に向上させる。知名度が向上することで、観光客を誘引するとともに、自然環境が優れた地域としてブランド化され、エコツーリズムや生物多様性に配慮した農産物の販売など社会経済的仕組みの推進力となる。小笠原諸島に行く唯一の交通手段は、東京から二五時間半かかる船のみだが、登録後には観光客が増加した。それを見越して、事前にガイド同行の義務付けや一日に利用できる人数の設定など利用のルールを定めたことで、魅力的なエコツアーが展開されている。

世界遺産の審査は厳しい。その厳しさが国と地域に誇りと自覚を与え、将来に引き継いでいくための仕組みづくりをうながすのである。

七、世界遺産に向けた課題と取組み

世界遺産の審査に直接関わった経験を持つ国際的な専門家が、二〇〇九年に奄美・琉球の島々を訪れた。世界遺産としての資質は小笠原諸島以上と高く評価する一方で、世界遺産の第三の条件である将来的に守られる仕組みが不十分であるとして、今後取組むべき課題を指摘した。具体的には、特徴的な生物が生息する森が保護地域に指定されることによって守られること、採取や交通事故などから野生生物が守られること、外来生物への対策を進めること、増加が予想される観光客に対する準備をすることなどである。これは、地域が引き継いできた自然を将来世代に伝えるためのアドバイスである。

保護地域の指定

奄美・琉球の世界遺産としての価値は、湿潤な森が育む生物たちにある。現在、まとまった森が残っているのは、奄美大島、徳之島、沖縄島北部、西表島である（図2）。奄美大島と徳之島にはアマミノクロウサギが、沖縄島北部にはヤンバルクイナが、西表島にはイリオモテヤマネコが生きている。これらの島々の森が世界遺産の可能性を持っている。この森が損なわれないように守られることが必要である。

図3は森林率六〇％以上の地域と保護地域とを重ねたものである。黒色が保護されている森で、灰色が保護されていない林である。西表石垣国立公園に指定されている西表島を除いて保護地域にはほとんど指定されていないことがわかる。

国立公園は保護地域のひとつで、わが国を代表する自然の風景地を保護しつつ、自然とのふれあいを促進することで、人々に感動と癒しを与える公園である。国立公園を含む自然公園は国土の一四％をカバーし、わが国の生物多様性の保全の屋台骨としての役割を担っている。

環境省は、鹿児島県、沖縄県と連携して、奄美大島と徳之島を含む奄美群島と沖縄島北部において国立公園の指定に向けた準備を進めている。

図２ 森林の連続性（(財)自然環境研究センター 2012を改変）

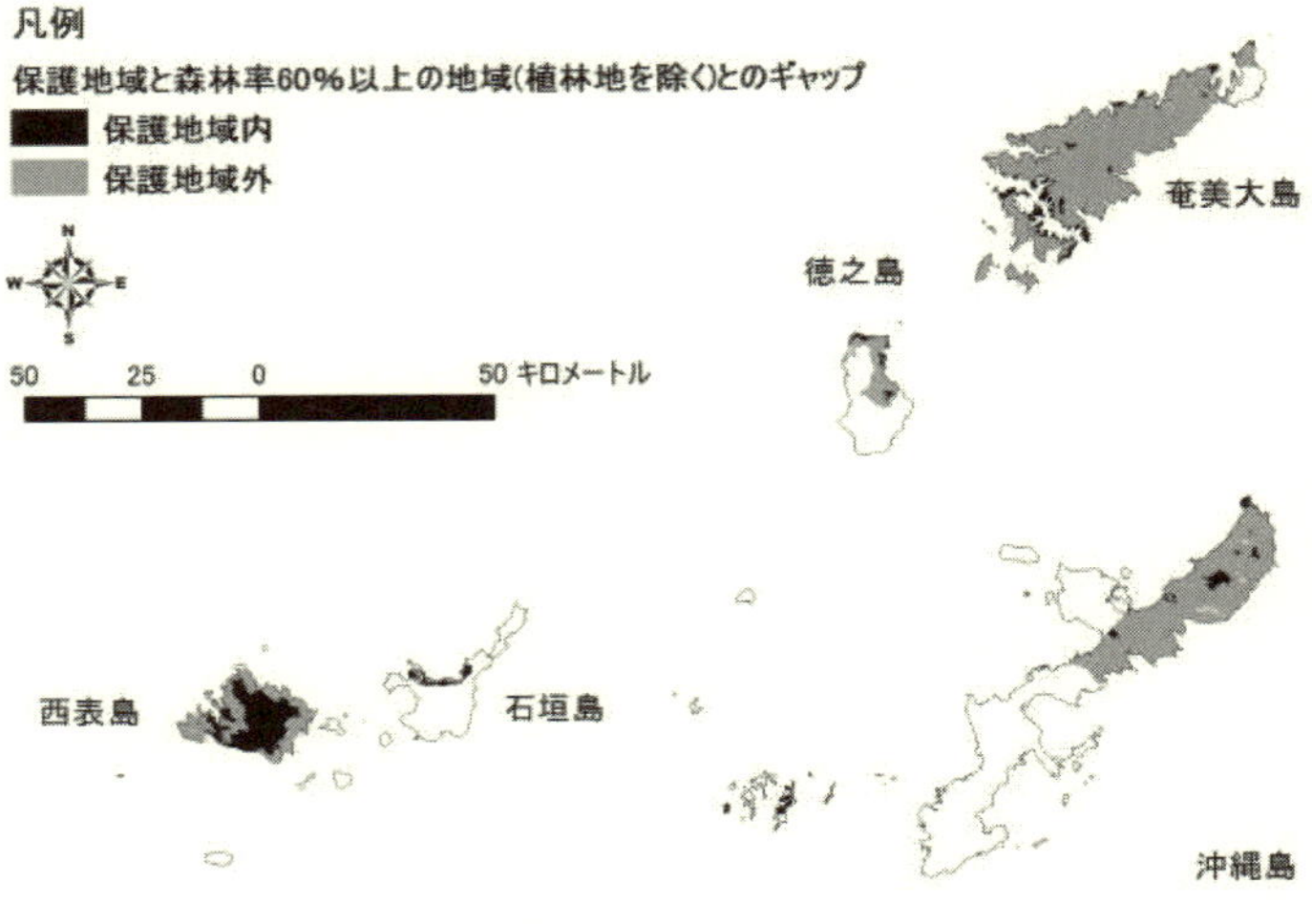

図３ 保護地域と森林のギャップ
（(財)自然環境研究センター 2012を改変）

実はどちらの地域も完全に原生状態である森は少ない。戦前は日常生活に必要な薪や炭づくりのために伐採が行われ、畑作も行われてきた。戦後は建築用材やパルプチップの生産のために大規模に伐採された。現在見られる森の大部分は、旺盛な再生力によってその後に成立した二次林である。この森に多様で特徴的な生物が生きている。そしてこの森は、地域の人の暮らしや意識の形成に大きな影響を与えてきた。

このような背景を踏まえ、国立公園の指定と管理にあたっては、地域で引き継がれてきた森林生態系を適切に管理しながら保全を行うことと、人と自然との関わりをも保全・活用の対象とすることが提案されている。

奄美群島の国立公園の指定にあたっては、生態系管理型、環境文化型の新たな考え方の国立公園が提案されている。地域が引き継いできた森林生態系を、国立公園に指定した後も適切な管理をすることで意識的に共生状態を確保しようというのが生態系管理型国立公園である。そして、人々が自然を利用する中で形成、獲得されてきた意識や生活・生産様式の総体を環境文化と捉え、国立公園の構成要素として保全し、紹介していこうというのが環境文化型国立公園である。地域の側の感覚や日常性に立った公園を強く意識したものである。

国立公園に指定された区域のうち、林齢が高く奄美・琉球に特徴的な生物が多く生息する森が世界遺産地域となると想定される。それ以外の国立公園区域は世界遺産の緩衝地域として、世界遺産に影響を及ぼさない範囲で持続的な観光や林業などが展開されることが求められる。

野生生物保護対策

奄美・琉球には固有種の植物や昆虫が多く、採掘や採取のターゲットになっている。徳之島では、二〇一一年二月に生じた希少植物の大量採掘者の逮捕を契機として全三町共通の「希少野生動植物保護条例」を制定し、行政とＮＰＯが連携して希少植物の盗掘防止のための監視体制強化に努めている。

ヤンバルクイナ、イリオモテヤマネコ、アマミノクロウサギは交通事故も大きな脅威になっている。二〇一二年はヤンバルクイナの交通事故が過去最多となり、環境省と沖縄島北部三村が連携して交通事故の防止を呼びかけている。「やんばる国頭の森を守り活かす連絡協議会（ＣＣＹ）」は交通事故防止を訴えるＤＶＤを作成し、今後様々な場所での放映に向けて働きかけをしている。また、関係機関が連携して道路わきの見通しを良くし、ヤンバルクイナの飛び出しに気づきやすくするための草刈りが行われている。

外来生物対策

奄美大島と沖縄島にハブ対策として持ち込まれたマングースは生息域を拡大し、野生生物を捕食することにより大きな被害を与えている。奄美大島とやんばるではマングースの根絶を目標に、通称〝マングースバスターズ〟による捕獲作業が進められている。これまでの取組みによって、捕獲頻度（わなをかけた日数当たりの捕獲数）は年々減少しており、前期の目標であるマングースの大幅な低密度化には成功した。それに伴い、アマミノクロウサギ、アマミト

マングースバスターズ
（環境省那覇自然環境事務所提供）

ゲネズミ、ヤンバルクイナなど野生生物の生息状況の回復が報告されている。しかしながら、低密度化により捕獲は難しくなってきており、根絶に向けてはまだまだ息の長い取組みが必要である。現在、マングース探索犬の導入など効果的な捕獲が進められている。

マングースと並んで問題なのが、ノネコ・ノイヌである。ノネコは非常に有能なハンターであり、野生生物に対する影響は大きい。また、イリオモテヤマネコにネコエイズなどの病気をうつしてしまうことも心配されている。ペットとして飼われていたイヌ・ネコの無責任な放任飼育や遺棄などが原因であるため、周辺都市及び地域住民の意識改革と取組みが非常に重要である。

地域の取組みでは、奄美大島、沖縄島北部三村、西表島で、ネコをきちんと最期まで飼うことを求める適正飼養条例が施行されている。この条例に基づき、飼いネコの登録、マイクロチップの埋め込みや繁殖制限などが進められており、不幸な捨てネコを生み出さない努力が始まっている。また、動物愛護団体等により捕獲個体を飼育順化し、里親に譲渡する取組みが進められている。さらに、周辺都市からの来訪者に対しても、県道での周知ビラ配布などのキャンペーンを実施するなど、遺棄防止の呼びかけを行っている。

持続可能な利用

世界遺産となった地域の例を見れば、観光客の増加が予想される。地域経済の活性化のためには自然資源を活用した観光振興は重要である。しかしながら、例えばアマミノクロウサギなどは昼間の観光で見ることは困難であり、見ること・見せることを追求すれば夜の森への入込み要求が増大し、生息環境を脅かすことになる。生息環境が損なわれれば、アマミノクロウサギは姿を消し、結果的に観光は成り立たなくなる。

このため、今後の利用者の増加を想定し、利用人数の調整や利用ルートの一時的な閉鎖などのルール作りが望まれる。奄美群島では奄美群島広域事務組合が中心となって、エコツーリズム推進のための人材育成やルール作りが進められている。

環境省は、奄美群島の国立公園の指定に向けた検討会において、多人数利用が可能でガイド無しでも楽しめるエリアと、エコツーリズムなど人数制限が必要でガイド付きを前提とする利用に適したエリアを区分し、それぞれに応じたルール作りや利用施設の整備を行うことを提案している。

八、地域が世界遺産を活かすために

一九九三年に世界遺産に登録された屋久島は、この二〇年間で入込客数が二倍近くに増えている。島内の宿泊施設数は三倍となり宿泊定員も倍増した。自然を案内するガイドも一五〇人を超え、大きな産業へ成長した。その一方で、縄文杉への一極集中が顕著となり、自然環境と利用環境の悪化が懸念されている。また、知名度が向上し、訪れる観光客が増えているにも関わらず農業生産額は減少を続けている。

屋久島は、サンゴが見られる黒潮の海から二〇〇〇メートル近くに及ぶ山岳までの多様な自然、岳参《たけまい》りに代表される自然への畏敬、たんかんやぽんかんなどの農産物、首折れサバやサバ節などの水産物などの魅力が溢れている。世界遺産登録前に策定された「屋久島環境文化村構想」では、屋久島の溢れる魅力を体験することを通して自然を知り、自然との共生の知恵を学ぶことを提唱している。残念ながら世界遺産によってもたらされた外部からの眼差しは屋久島のごく一部にしか光を当てていない。

先に述べたとおり、奄美・琉球の世界遺産としての価値の中心はアマミノクロウサギ、ヤンバルクイナ、イリオモテヤマネコなどの生物にある。しかし、その生物を育んでいるのは地域まるごとの環境である。あるいはそれは「風土」と呼んで良いのかも知れない。そこには人も含まれる。永く自然資源を利用して生活を営んできた人の自然とのつき合い方、そこで生まれ引き継がれてきた文化があって、今がある。人と自然が渾然一体として成立してきたのが奄美・琉球である。そして、近年の社会環境の変化によって、自然とのつき合い方が変わり、自然とともに文化も失われつつあるのもまた事実である。それは地域の個性を失うことであり、地域の暮らしを豊かにする資源を失うことを意味している。

奄美群島では「文化財総合的把握モデル事業」（文化庁）から生まれた「奄美遺産」の取組みが進められている。従来の文化財の枠組みを超えて、地域が大切にしてきたものを把握・保存・活用しようとする試みである。この取組みでは、島民が「敬い、守り、伝え、残したい」と思っているものと、一定時間の間に渡って「受け継がれてきたもの」を、遺跡や自然物など実体ある要素以外にも、生産・採集や遊びなどの空間的要素も含めて「市町村遺産」として把握することを目指している。その中から、奄美群島で大事にしていくものを、市町村の提案に基づいて「奄美遺産」として認定し、保存と活用を図るものである。

世界遺産に向けた議論と保全に向けた仕組みづくり、そして「奄美遺産」などの地域の見直しを同時に進めることで、地域の個性は磨かれて世界に輝きを放つ。それは、地域への誇りを生み、精神的な豊かさをもたらすだろう。

地域の個性の輝きはまた、観光地としての魅力を増し、経済的な豊かさにもつながるものである。多くの観光客にとって、直接的に自然を見ることに加え、奄美・琉球の文化を通して自然を感じることはより魅力的な体験となる。希少な野生生物中心の観光は、生物への影響が大きく、多人数の要求を満たすことは難しい。そこで、自然とともに地域の文化や産業を魅力的に伝えるガイドプログラムを開発し、織物などの伝統工芸、魅力的な農作物、豊かな食文化などを交えた総合産業としての観光を進めていくことが望まれる。世界遺産の内外において、自然と文化が一体となって保全され、観光に活用されるならその魅力は計り知れない。

国立公園に指定された区域では開発行為が規制される。規制に対する不安や懸念は依然として大きい。しかし、屋久島でいうならば島の四割が国立公園で、その半分が世界遺産である。日常の暮らしを営まれる場所のほとんどは国立公園の外であり、生活上の問題はほとんどない。国立公園の指定は、将来の世代に引き継ぐべきところと、暮らしや地域づくりのために利用していくところを整理する作業ともいえる。

最後に一点付け加えたい。奄美・琉球の顕著な普遍的価値は、各島嶼に存在する価値の総体で構成されるものである。例えば、キクザトサワヘビ、クロイワトカゲモドキやミヤコサワガニなども大陸島における生物の侵入と隔離による種分化の過程を説明するのに重要な生物である。世界遺産の区域は一定の広がりを持つ保護地域であることが求められるため、前述した四島に設定される可能性が高いが、奄美・琉球のその他の島も顕著な普遍的価値を証明する支持的根拠として不可欠な存在である。このため、世界遺産に関連する地域として、県や市町村レベルでの保護を図り、世界遺産と共生する地域づくりを行うことが望まれる。

人と自然が渾然一体として成立してきた奄美・琉球が世界遺産を目指すことは、世界に向けた「自然との共生」のメッセージの発信である。その根源的な価値は奄美・琉球の自然と文化、それを育み引き継いできた人にある。世界遺産への取組みを契機として、奄美・琉球の自然と文化が誇りを持って将来世代に引き継がれていくことを願っている。

※本稿は、『月刊保団連』(平成二四年一〇月号~一二月号)に連載した「奄美・琉球諸島、その豊かな自然と世界遺産への道」を再構成し、暫定リストの提出など最近の状況を追加してと

りまとめたものである。本書への掲載を許可頂いた月刊保団連編集部に感謝申し上げます。

＊1 暫定リストでは、国土地理院の地形図の表記を参考に、奄美群島と琉球諸島の総称として「奄美・琉球」を用いており、本稿もこれに従う。

＊2 二〇〇三年の検討会では、トカラ列島以南の南西諸島を検討の対象としたが、他に適当な名称がないため、学術論文上の慣用語である「琉球諸島」を用いた。

＊3 正式には世界遺産一覧表への「記載」(inscription)。

＊4 ＩＵＣＮ：国際自然保護連合 (International Union for Conservation of Nature and Natural resources)。国家、政府機関、ＮＧＯなどを会員とする国際的な自然保護機関。自然遺産の諮問機関でもある。

＊5 順応的管理とは生態系は複雑で絶えず変化し続けているものであるということを認識し、生態系の構造と機能を維持できる範囲内で自然資源の管理や利用を行うために、変化の予測やモニタリングを実施し、管理や利用方法の柔軟な見直しを行う管理手法。

【参考文献】


岡野隆宏「日本の世界自然遺産―その役割と課題―」、『地球環境』一三(一)、三～一四頁、二〇〇八年。

岡野隆宏「我が国の生物多様性保全の取組と生物圏保存地域」、『日本生態学会誌』六二、三七五～三八五頁。

鹿児島大学『平成二三年度琉球弧の世界自然遺産登録に向けた科学的知見に基づく管理体制の構築に向

けた検討業務報告書』、二〇一二年。

鹿児島大学鹿児島環境学研究会編『鹿児島環境学Ⅰ』、二〇〇九年。

鹿児島大学鹿児島環境学研究会編『鹿児島環境学Ⅱ』、二〇一〇年。

鹿児島大学鹿児島環境学研究会編『鹿児島環境学Ⅲ』、二〇一一年。

(財)自然環境研究センター『平成二三年度生物多様性評価の地図化に関する検討調査業務報告書』、二〇一二年。

四国遍路

胡　光

はじめに

みなさん、こんにちは。ただいまご紹介にあずかりました胡と申します。緒方先生から西の方から来た方というお話がありましたが、沖縄には初めて参りました。私の名前はいわゆるエベスさん、中国に由来する神様の名前で知られています。愛媛や広島県の瀬戸内海の島々や港町にはこの苗字がありまして、町名にも残っています。先祖は海からやってきて、もしかすると琉球にも寄りながら、島や港町に住みついたのだろうと思っています。

今、海からやって来たと申し上げましたが、四国遍路はたいへん海と関わりが深いのです。先ほど熊野の話にも海が出てまいりました。四国遍路と海の信仰について、そして四国遍路を世界遺産にという活動について、今日はお話をしてまいります。

さて、四国遍路はまだ世界遺産になっていませんが、ちょうど十年前ぐらいから四国の各県、特に経済界が中心になって、四国遍路を世界遺産にしてほしい、という動きが始まりました。四国遍路の本はたくさん出されていますが、実はこの十年間の出版が多いのです。世界遺産の運動と四国遍路の研究というのは非常に関係が深くて、この十年で四国遍路の研究も進みました。私どもの愛媛大学もちょうど十年前に「四国遍路と世界の巡礼」というプロジェクトを立ち上げて、日本史だけでなく西洋史・東洋史・社会学・国文学などの多様な視点で共同研究をしています。そういった最新の研究成果と世界遺産の動きというのも、お話ししていきたいと思っております。

一、四国遍路の概要

(1) 四国遍路のイメージ

それでは、逆に皆さんに質問したいと思います。四国に行ったことがある方、どのくらいいらっしゃいますか。かなり多いですね。ありがとうございます。次に、四国遍路をしたことがある、もしくは八十八ヶ所のうち一ヵ寺でも行ったことがある、という方いらっしゃいますか。結構いらっしゃいますね。では、私の質問は必要ないかもしれませんが、最初の問題です。プリントを見ずに四国の形を頭に思い描いてください。それから、その四国の八十八のお寺を回るのが四国遍路ですが、どういったところを回っていくか、想像してみてください。

ではまず、四国の形をお見せしましょう。これは江戸時代の初めごろに描かれた一番古い四国の絵図です。実は私が香川県で発見したものです。この形は、今の四国の正確な地図とはちょっと違いますね。俵もしくは、お餅のような形ですが、私の講義で愛媛大学の学生たちに四国の形を描いてみなさい、というとほとんどが俵型の四国を描いてくるんです。普通は四つにとがった星のようなと言いますか、半島や湾が入り組んだのが本当の四国なんですが、今の学生は俵型のような四国のイメージがある。江戸時代の人とほとんど変わっていないんですね。潜在的に、四国は丸くて四つの国がほぼ同じ大きさと形をしているイメージがあるのかもしれません。

次に、江戸時代の中ごろ、初めて出された四国遍路の案内図、いわばパンフレットを見てみます。これを見てもやっぱり四国は俵型ですが、海沿いにずっと番号がついています。つまり海沿いに八十八ヶ所がほとんどある、これが八十八ヶ所の立地の特徴です。さらに、この案内図で注目していただきたいのは、図の真ん中にお大師さん、すなわち弘法大師が描かれていま す。その周りの海岸を回るように八十八ヶ所が案内されているのですが、図の下が北、上が南です。今の地図と反対向きになっています。なぜかと言うと、この地図は、大坂（阪）で作られたんですね。近畿地方から四国遍路にやってくる人向けに作られたものですので、本州側に立って四国を見ている地図なんです。これが実は四国遍路の八十八ヶ所成立を考える上で、とても重要な視点になります。後ほどお話ししますので、本州から見た四国が江戸時代のイメージというのを覚えておいて下さい。

図１　四国遍路の風景　第八十六番札所志度寺（筆者撮影）

続きまして、今度はお遍路さんのイメージ。みなさん、お遍路さんはどんな格好をしているか思い描いてください（図１）。今のお遍路さんは、この写真のとおり、菅笠に白装束で、「同行二人」「南無大師遍照金剛」という文字を背負っています。「同行二人」というのは一人で遍路をしていても必ずもう一人、お大師様が付いていますよ、という思想。「南無大師遍照金剛」というのは、全ての人を救ってくれる、全ての人を照らしてくれる、お大師様を信仰しますという思想です。お大師さんが一緒にいてくれて救ってくれる、というお遍路さんの思想が服装にも表れています。今回の講座のチラシにも使われている写真は、香川県の志度寺で撮ったものですが、今のお遍路さんは、必ず同じ装束で杖を付いて、「同行二人」「南無大師遍照金剛」の文字が見えます。この人たちはバスでやってきて、先導する人がいて、本堂の前で般若心経を一斉に唱える。そして、隣にもう一つお堂があります。これが四国霊場の典型的なパターンですが、本堂には釈迦如来とか阿弥陀如来とかの仏様、志度寺の場合だと十一面観音がご本尊として安置してあります。隣のお堂は、大師堂といいまして、弘法大師が必ず祀られている。本堂とお大師様に般若心経を上げて、回っていく。これが四国遍路の特徴です。勿論、こういう風にバスや車でやってくる人が現在では多いのですが、昔ながらの歩き遍路、歩いて四国を回る、一人で回っている方もずいぶんいらっしゃいます。ちょうどこの十年ぐらい、若者の歩き遍路が増えている感じがします。千四百キロメートル歩くということ自体に意義を見出す。車で回る、バスで回るのではご利益がないよ、ということでしょうか。

また、ここで質問したいと思います。こういった格好は、いつ頃から始まったでしょうか。四択で答えてみてください。古い方から行きます。一つ目は弘法大師と同じ頃、大師が四国を回ったころ、平安時代のころからあった。それから二つ目は、その後、貴族から武士の世の中になって鎌倉から室町時代、先ほどの熊野信仰もそうですが、様々な信仰が日本の社会に広まっていった時期、それから三つ目は、先ほどの案内図などが出て近畿地方からも大勢遍路にやって来た江戸時代から明治時代ですね。それから四つ目は、戦後のわりと最近。という四つにします。一つ目、平安時代、お大師さんもこんなかっこうをしていたと思われる方―これはいない。その後、仏教をはじめ様々な信仰が広まってきた鎌倉から室町時代ぐらいと思われる方―いらっしゃいますね。では、たくさんの案内図やガイドブックが初めて出た江戸時代ごろだと思われる方―かなり多いようです。それから、実は新しくて戦後だよ、と思われる方―ぱらぱらといらっしゃいます。実は、まだ定説がない、というのがとりあえずの答えですが、最近新説が出されています。

これまで一般的に、現在のような遍路の風俗は、江戸時代に始まって死に衣装を表すとされてきました。江戸時代ですから、旅行事情も非常に厳しいですね。遍路に行って、いつ死んでも、そのままの姿で葬ってもらえるように、死に衣装としてこれが江戸時代に始まったというのが、民俗学の方とかを中心に今まで信じられていて、現在のパンフレットにも掲載されています。ところが最近、歴史の研究者の中には、明治時代以降ではないかと考える方がいて、さらに戦前戦後の写真を分析する中で、明治・大正時代はもちろん、昭和三十年代の写真にも、お遍路さんは白装束を着ていない、という結論が出てきたんですね。昭和三十年代の写真は、バスツアーが始まった時のバスの団体客の写真です。だから、白装束はそれ以降の四十年代だよ、という説が最近出てきました。私はもうちょっと古いんじゃないか、と思っています。バスツアーの最初というのは、バスに乗ること自体が非常にめずらしい。だからよそ行きの格好をして行ってたんじゃないのかなと。この写真を見てみると遍路とは思えないきれいな着物を着ています。私はもう少し前、戦後になって始まったのでは考えています。

ちょっと江戸時代の絵も見てみます。これは江戸時代の遍路を描いた数少ない絵です。四国遍路の案内本（ガイドブック）の挿絵ですが、親子三人のお遍路さんの姿が見えます。笠や杖は見えますが、当時としては普通の旅の服装です。笠や着物にも文字はありません。文中にも遍路はどんな服装をして行きなさい、という指示はありません。これに対して、西国三十三観音の巡礼の案内本などには、こんな服で行きなさい、という記述があります。ですから、江戸時代に今のような装束がないことは確実です。

（２）弘法大師信仰

現在では、四国の八十八のお寺を回る四国遍路ですが、大師堂の存在というものも見ていただきました。四国遍路の特徴でありかつ重要なことは、四国出身の弘法大師を信仰するという思想です。お大師様はいろんな業績がありますが、私も制作に関わった「若き日の弘法大師空海」（香川県歴史博物館）というわかりやすい映像があるので、ご紹介したいと思います。

（ナレーション）

弘法大師空海は真言宗を開き、仏教に大きな影響を及ぼした名僧としてその名を歴史にとどめています。名僧空海はいかにして生まれたのでしょうか。修行時代を中心にその足跡をたどってみましょう。空海は奈良時代の終わり頃、讃岐の屏風が浦、現在の善通寺市付近で生まれました。空海が建立したとされる善通寺。空海はこの地方の豪族であった佐伯氏の出身でした。幼い頃から、伯父の阿刀大足について論語などを学んだ空海は、国の役人になってほしいという両親の期待に応え、十八歳で、都の大学への入学を果たします。しかし、当時は大学で勉学に励んでも、家柄によって将来出世の程度が決まっていました。そんな大学に限界を感じ、このまま役人になることにとまどいを覚えた空海は、しだいに仏教の教えに心惹かれ始めました。

そうした時、空海は勤操《ごんそう》に出会いました。勤操の仏教の教えに感銘を受けた空海は、遂に大学を離れ、家族の反対をよそに髪を剃ります。

空海は、四国に戻ると阿波の大瀧岳、伊予の石鎚山、土佐の室戸岬を巡り、ただ一人修行を重ねました。世俗を捨て、人里はなれた深い山に分け入り、身をもって自然の力を感じ、ひたすら仏の教えのみを信じ、道を求めた厳しい修行の日々でした。この長く苦しい修行を経た空海は、仏教の素晴らしさを確信し、聾瞽指帰を著します。

図２　弘法大師像
（香川県立ミュージアム所蔵）

空海二十四歳、周囲の人々への出家宣言でもありました。仏教の中でも密教を極めようとした空海ですが、日本にいてはそれも適わないと考え、唐へ渡る決意をします。まだ無名の僧でしかなかった空海はなんとか手を尽くし、遣唐船に乗り込むことに成功しました。ところが船団は大嵐に遭遇、日本を出発した四隻のうち二隻が波にさらわれ、海の藻屑と消えました。空海の乗った船も一月余り海を漂い、やがて福州へ到着したのです。日本を出て半年余り、ようやく目的地、長安にたどり着いたのでした。唐の都、長安。当時はシルクロードの起点としてにぎわう華やかな国際都市でした。空海は仏教寺院にとどまらず、道教や回教の寺院をも訪ねています。また、サンスクリット語を学び、日本へ持ち帰るためにさまざまな経典を写し取る日々を送りました。

やがて、青竜寺の恵果和尚と運命的な出会いをします。恵果こそがインドから伝わった密教の正当な継承者だったのです。恵果は千人を超す弟子の中から一人空海を選び、密教の全てを伝授したのでした。さらに教えを説くのに必要な、さまざまな法具や曼荼羅も空海に授けました。やがて恵果が亡くなると早く日本へ帰って密教を広めよ、との遺言に従い、空海は帰国の途に就きました。わずか二年の滞在でした。日本へ戻った空海は、唐での功績により、またたくまに平安仏教界の頂点へと上り詰めていきます。朝廷から絶大な信頼を得て、高野山に金剛峰寺を開き、確実に密教を広めてゆきました。

讃岐出身の名もない僧が、日本の仏教を変え、歴史に大きくその名を刻みました。その背景には自らの進む道を求めた京都での苦悩の日々、そして若き日に四国での修行によって培われた強靱な精神力があったのです。

いかがだったでしょうか。空海が悟りを開くときに四国で修業をした。その四国で修行をした空海ゆかりの地を巡るのが、四国八十八ヶ所であり、四国遍路である、ということになります。皆さんのお手元にも同じ地図をお配りしていますので、四国の八十八ヶ所の場所やお寺の名前などをご確認ください。

空海は今の香川県、昔では讃岐国の出身です。ところが一番札所は徳島県から始まります。

先ほどみた南が上に描かれた江戸時代の案内図を思い出してください。一番の徳島県鳴門から始まる、つまり大坂からもっとも上陸しやすいところ、ということですね。徳島、高知、愛媛、香川と巡って、香川が最後の上がり、結願の地となります。阿波は「発心の道場」、土佐は「修業の道場」、伊予は「菩提の道場」、そして讃岐は「涅槃の道場」というふうにも呼ばれています。要するに遍路を始めれば、最後には悟りを開けますよ、というのが四国なんです。これは、密教の根本経典であります大日経に出てくる教えと全く同じで、四つの国は、仏典にある四つの段階ともリンクされています。

ここで、四国霊場、八十八ヶ所について考えてみます。空海は、真言宗を初めて開いた人です。すると、四国八十八ヶ所は真言宗のお寺ばかりと思われがちですが、実はそうではありません。これが面白いところですけれども、同じ密教の天台宗、ライバル最澄の開いた天台宗ですね。それから同じ密教だとまだわかるんですが、鎌倉時代に新しい仏教として始まった時宗や臨済宗、曹洞宗のお寺も八十八ヶ所の中に入っています。

それだけではありません。熊野の話にもあったとおり、江戸時代以前の日本は、神仏習合と言いまして、神様も仏様も同じ場所でお祀りして信仰しているというのが特徴でした。それが明治維新のときに、天皇家につながる神こそすばらしい、日本に後から入ってきた仏はだめだ、ということで神仏分離令というのを出して、神様と仏様を分けてしまいます。江戸時代には、神社も八十八ヶ所に含まれていました。九つあった神社が神仏分離令で、八十八ヶ所の権利を剥奪されて、お寺に移されてしまった。今は、八十八ヶ所霊場は全てお寺ですが、昔の霊場は神社も含まれていた、ということなんです。この写真に写っているのは、四十一番札所の龍光寺の入り口ですが、どう見ても神社ですよね。参詣道の入り口には立派な石鳥居がありまして、江戸時代の元禄のころにつくられたもので、九州の人が寄付しています。参詣道を進んでいきますと、真正面にはお稲荷さんを祀ってある。脇にあるのが龍光寺、今の札所で、元々は正面の赤い鳥居のお稲荷さんが八十八ヶ所の四十一番札所でした。階上に上ってみますと、お稲荷さんから下の龍光寺が見え、豊かな田園地帯が広がっています。今は下の龍光寺が四十一番札所になっていますから、皆そこに行くわけです。お稲荷さんまで上がってくる人は一人もいません。

その四国霊場、あるいは四国遍路というのがいつ始まったか、というお話に移ってまいります。

二、四国霊場の成立

ビデオの中で、空海が四国の山とか海で修行をしたというお話がありました。ということは、空海がいた平安時代、あるいはその少し前、平安時代に入る前後ぐらいには、すでに修行僧が四国の中で修業をする場所があった、ということになります。それ以後、弘法大師を信仰する弘法大師信仰や熊野信仰などが混ざり合って八十八のお寺あるいは神社、いわゆる霊場が選ばれていきます。以前は、四国遍路は空海が始めたとも言われていましたが、現在の学説では二段階、つまりプロの修行の場所があって、その後民衆が参ることのできる八十八が選ばれていく。さらに、明治時代になって神社は除かれてお寺だけになっていくということが定説となっています。このような四国霊場、八十八ヶ所の歴史を、具体的に資料で確認してみたいと思います。

まず、最初に四国を巡る、ということが出てくるのが、古典の時間に習ったかもしれません、平安時代末の「今昔物語」です。その中には「今は昔、仏の道を行ひける僧三人伴ひて、四国の辺地《へじ》」を巡った、というのが出てきます。「四国の辺地」というのは、四ヵ国の海辺の廻りだとも書いています。修行僧が、四国の海岸沿いを四国の辺地と呼んで修行して回った、というのが「今昔物語」に出てきます。「四国」という文字が出てくる最初の例としても貴重ですが、「遍路《へんろ》」ではなく「辺地《へじ》」と呼んでいることも重要です。さらに、「弘法大師」という言葉は全く出てきません。弘法大師ゆかりの地を回るのではなくて、この時代には、修行僧だけが回る修行の場所があって、そこをプロの修行僧が回るのが「四国遍路」の最初の形態であった、ということがよくわかります。

では、時代が進んで、次は鎌倉時代になりますと、初めて「四国辺路」という言葉が出てきます。これは醍醐寺の文書の中に「修行の習い……四国辺路、三十三所、諸国巡礼、其の芸を遂ぐ」とあります。「四国辺路」とあって「へじ」か「へんろ」かはわかりませんが、「四国遍路」につながる言葉が使われた最初の例です。ここでも弘法大師の話は出てきません。ですから、弘法大師信仰が四国遍路に結びつくのは、もう少し後だろう、ということになります。奈良時代末から鎌倉時代にかけても、プロの僧たちが一生懸命修行する場所が四国であったということです。それと、先ほどの熊野の話とリンクさせるならば、熊野の方向にある補陀落浄土へ船で行く、というのがありましたね。補陀落浄土、英語に訳すとパラダイスになるんですが、実は日本語で書くと浄土、というのはたくさんあります。補陀落浄土というのは南の浄土、パラダイスです。都から見て、熊野、和歌山の方向は南方浄土ですね。だから補陀落浄土に行くために熊野へ参りたいとなる。四国も都から見ると南方で、補陀落浄土の方向です。だから修行しに行く。ちなみに西方の浄土は極楽浄土、西のパラダイスです。四国は、都から見ると西方とも言えます。このように、都から見て南方や西方の海、浄土に行くには四国に行きなさいということで修行をするわけです。

このようなプロの修行の場所へ、弘法大師の信仰が加わってくるのは、室町時代のことです。「衛門三郎伝説」をご存知ですか。私が今住んでいます、松山市の道後温泉のすぐ近くに、石手寺という札所があります。室町時代に書かれたお寺の由緒書に刻まれている伝説があります。衛門三郎という長者がおりまして、そこへ弘法大師が修行僧の格好で托鉢に行きます。衛門三郎は、鉢を八つに叩き割って弘法大師を追い返す。その後、衛門三郎の八人の子どもが次々と亡くなってしまう。衛門三郎は非常に後悔いたしまして、あれはお大師さんだったんだ、ということでお大師さんに謝るために後を追います。ところが二十回四国を回っても遇えない。追いつかないんだったら二十一回目は逆周りをしようとしますが、阿波の焼山寺で、衛門三郎は力つきて倒れてしまいます。そこで死ぬ直前に、お大師様が現れて、衛門三郎を許し、願いを聞きます。衛門三郎は「伊予の名族である河野家に生まれ変わりたい」と言い、大師は衛門三郎に石を握らせます。その後、伊予国を支配する河野家に子どもが出来るのですが、その子どもが手を開かない。大きくなって手を開いたら、その中に「衛門三郎」と書いた石が出てきた。この人は衛門三郎の生まれ変わりだということでその石をお寺に奉納して、石手寺と改名した。だから、四国遍路は、弘法大師の後を追ってぐるぐる回った衛門三郎が最初である、というのが一般的に非常によく知られている伝説です。弘法大師の時代、つまり平安時代に遍路が始まったことになりますので、伝説ということになりますが、室町時代にはこの話が刻まれて、弘法大師信仰が広がっていたことがわかります。

衛門三郎伝説の場所を紹介しておきます。松山の真ん中に松山城がありますが、ここは江戸時代以降に栄えた城下町ですね。そこからちょっと奥に道後温泉で有名な道後があります。こちらの方がもともとの中心部でして、河野氏の本拠地、湯築城というのもこの地点にあります。衛門三郎が住んでいたという場所は、さらに奥に残っています。このあたりは、山から平野に変わる場所で、非常に豊かな田園地帯です。元々このあたりから人が住み始め、発展していったというのがよくわかります。そこに行くと、田園地帯の真ん中に八つの塚があるんです。これは衛門三郎の子どもたちのお墓だ、というふうに伝わっていますが、実は古墳なんです。もっと古くて、この地域の繁栄を示すものでもあります。そして、衛門三郎の屋敷の跡や旅立った場所というのが残っていて、今では石像が建っております。

伝説ではなく、四国霊場八十八ヶ所の起源を記した資料として、長く用いられていたのが、こちらの高知県に伝わっている鐘です。この鐘には、土佐の村の中に八十八ヶ所というのがあったと刻まれているとされています。四国八十八ヶ所というのを信仰するあまり、今でも写し霊場、つまりミニお四国を作ることはよくあります。この鐘には、文明十二年という、室町時代の終わり頃の年号が入っている。だからこれ以前に、四国遍路八十八ヶ所が成立していたはずだという根拠に使われた鐘であります。これによって、室町時代の初めには八十八ヶ所があったと長らく信じられていました。

最近、愛媛大学名誉教授の内田九州男先生が実際にこの鐘を見て、デジタル画像の処理などによって、この文字はかなり改ざんされていると、論文で発表されまして、これは信用できないんじゃないか、ということになってきています。室町時代の成立ではないということになってくるわけなんですが、もちろん霊場というのはあって、八十八ヶ所が確定するのはいつだろう、ということが問題になります。

この鐘に代って、にわかに注目を集めておりますのは、「説教苅萱」という古浄瑠璃の本です。浄瑠璃の歌の本の中に、「その数は八十八所とこそ聞こえたれ、四国へんと八十八か所とハ申すなり」というのがはっきり出てくるんですね。これは寛永八年、江戸時代の初め頃に作られたものということははっきりしていますので、寛永八年までには八十八ヶ所が決まっていたんじゃないか。と言われております。

それ以前から寛永という時代は注目されておりました。寛永年間に四国を回った人の日記が残っているわけです。仙台に四国遍路の最も古い日記が残っているんですね。仙台まで確認に

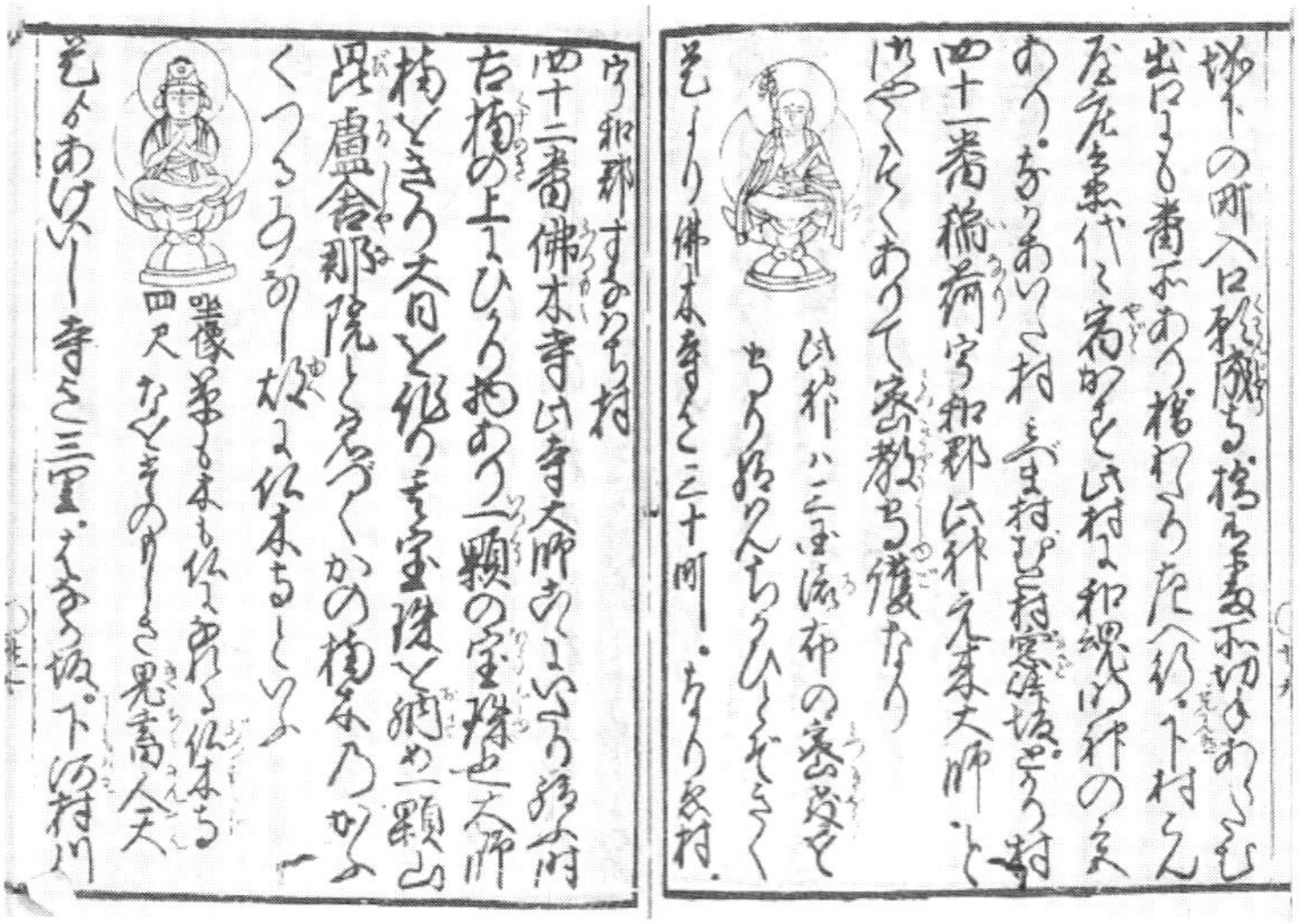

図３　真念「四国遍路道指南」（貞享4年、愛媛大学所蔵）

行きましたけれど、こういう日記の中には、四国遍路という言葉が出てくるのですが、八十八という番号や、どの順番でというのが出てこないんですね。四国遍路をしたという記録ではあっても、今につながる八十八ヶ所であったのかはわかりません。それがはっきりしてくるのが、最初にも紹介した四国遍路の案内本（ガイドブック）が刊行されてからです。これは、真念という大坂のお坊さんが、四国を二十回以上回って、四国遍路の案内本を出して、さらには遍路をする人々の為に道標や休憩所を作った。今でも真念がつくった道標というのが残っています。その後も真念に倣ってたくさんの道標が立てられて、歩き遍路をする方には現在でも役に立っています。真念の活動は江戸時代前期、元禄から貞享のころということになります。

少し整理してみますと、八十八ヶ所の成立時期についてはいろいろな説があります。根拠があるものから紹介すると、室町時代前期説というのは、高知の鐘の文字が根拠でしたので、これはちょっと違うかもしれない。一方、江戸時代に入って寛永頃に成立した、さきほどの「説教苅萱」に拠って、寛永までにほぼ完成しているけれども、まだ八十八の番号とか順番が決まっていない。はっきりと決まるのが元禄期という二段階説。これは最近精力的に本を出されている武田和昭先生や頼富本宏先生という方々の説が有力になってきております。

その根拠になるのが、遍路記であったり、真念の道標であったり、するわけですけれども、私はそういった動向を見ながら四国遍路を考えてみたときに、四国遍路の構成要素は三つあると考えています。一つは当然、遍路をする人々、お遍路さん。今まではこの人たちの日記だとか案内記だとかを使って、この人たちの研究が中心だったわけです。もう一つはそれを支える地域、今写真で紹介しているのは、愛媛県の峠を越えたところにある接待所です。お遍路さんを接待する。無一文でやってきても泊まらせてあげたり、あるいはご飯を食べさせてあげたり、そういう接待の心。あるいはお寺や神社を支える檀家の方というのもいらっしゃる。この地域の問題も重要だろうと思います。それから最後に、霊場の中には、昔は寺院も神社もありました。霊場の話も研究しないといけない。ところが、今まで霊場の研究というのはほとんどありません。四国遍路の起源を探るにしても、お遍路さんがただ回るだけでは当然成立しませんので、それをお迎えする霊場がきちんと整備されてお迎えする態勢が出来ているということを証明する。霊場の研究が非常に大事だと思っています。

そんなことわかりきっているんじゃないか、と思われるかもしれませんが、実は霊場というのは今まではなかなか調査に入れなかったんです。例えば、国や文化庁が文化財指定をしたいので、一斉に四国遍路の八十八ヶ所の調査をしたことがあります。そのときに調査を拒否したお寺がずいぶんあったんです。なぜかというと、お寺にある仏様は文化財とか美術品ではなくて、まさに信仰の対象、仏さまです。人に見せるものじゃないよ、という考え方が非常に根強かった。それが今、ここ十年で変わってきています。なぜかというと、四国遍路を世界遺産にしたいから。四国霊場会もそれに協力しています。ですから、これから霊場の研究をもっと進めることで、四国遍路の研究も進むと思いますし、世界遺産への道も開けてくると思っています。

そういう中で、私が持っています四国霊場の成立のイメージを最後にまとめておきますと、これまで説明しましたように、まず空海がいたころから、神聖な修行の地として四国というのはあった。簡単には回れない四国霊場みたいなものは平安時代にもあったわけです。そして、四国に行くと補陀落浄土や極楽浄土に行けるという浄土信仰や、熊野信仰も含めて、熊野の修験者や六十六部廻国聖たちが広めていった。その後に、お大師さんを信仰する大師信仰というのも加わって、お大師さんの出身である四国に四国霊場が完成していったのだろう、と思っています。まずは修験者が、プロの人たちが回る霊場というのが成立して、その後にいろんな人が一般の人でも回れる八十八ヶ所というのが江戸時代になって成立していったんだろうと、二段階の霊場成立、それから札所の成立というのを考えています。

そこで、四国遍路成立を研究するには霊場である寺社を調べることが大事だと思っていますが、そのお寺や神社を調べる中で、もう一つ私が重要だと思っているのは、霊場にならなかったお寺や神社の存在です。霊場になった寺院と見劣りしない非常に大きくて古い寺院や神社があるのですけれども、そういったところを調べることで、おそらく八十八ヶ所になった寺社が栄えているときに、ならなかった寺社は衰えていたのかもしれませんし、あるいは四国八十八ヶ所を決めた組織、あるいはプロデューサーみたいなのがいたときに、そのグループ、結社に入っていない寺社と入っている寺社があったのかもしれない。そうするとその組織が何なのか、というのが見えてきます。そこで、霊場にならなかった寺院や神社というのも見ていく必要があると思っています。代表的なのが、みなさんよく知っている金毘羅さん。金毘羅さんは八十八ヶ所ではないんですね。ところが、案内記を見ると八十八ヶ所を回っているときに、必ず金毘羅さんにも行っているんです。何か入らなかった理由がある。これを調べていくことで、八十八ヶ所の成立の理由や時期もわかってくるだろうと思っています。

三、四国遍路と世界遺産

最後に、四国遍路と世界遺産の話で締めくくりたいと思っています。「四国八十八箇所霊場と遍路道」を世界遺産にしたいということで、運動が始まったのは十年前と申し上げましたが、それを文化庁に申請したのはつい最近のことなんです。平成十八年に初めて申請しまして、すぐ却下されております。まだまだ調査が足りないということで、確かにそのときは香川県の経済界から推されて、香川県庁が中心になって四国の他の三県に呼びかけ、四県合同で急遽申請をしたのが平成十八年、「まだまだ調査が足りないよ」ということで差し戻しとなりました。組織をきっちり作り直して、準備室などを作って、もう一度四県合同で十九年に申請するのですが、そのとき文化庁から来た返事は、まだまだ推薦はできないけれども、カテゴリーＩＡという分類に四国遍路を位置づけます、ということでした。いわゆる補欠ですね。だめ、じゃなくて補欠なんです。「八十八箇所霊場と遍路道」というのは、歴史的文化的な価値は高い、それは認めるので、提案書の内容をもとにもっと調査を進めて、もっと充実させなさい、という位置づけです。そのとき、文化庁から出た宿題は、札所寺院と遍路道というのが、まず世界遺産の前に日本の文化財指定を受けていないところが多い。文化財指定を受けるためには、当然寺院の調査が必要です。今まで寺院の調査があまり行われていなかったわけですから、当然のことですけれども。そういう調査をすることで、まず国や県などの指定文化財を増やして、その後世界遺産に持っていく素地をつくりましょう、という宿題が出ました。

これを受けて、四国四県では、各県庁および八十八ヶ所がある市町村を中心に協議会がつくられて、さらにそこに霊場会、経済界、われわれ四国の大学も加わりまして、産官学共同オール四国体制でこの四国遍路を世界遺産にしていこうと、つい最近平成二十二年に動き出したところなんです。今からがんばって四国遍路を世界遺産にしていこうというところですけれども、そのためには問題もあります。それは先ほどの熊野も同じですが、広域にわたるということです。一県だけではなく四国四県、広域にわたる、さらには、お寺とか遍路道の所有者がたくさんいるということです。様々な遍路道の様子、お寺の様子、こんなふうに、道なき道、山の中の遍路道もあれば、舗装された平野部の遍路道もありますし、街の中の、都心部の遍路道もある。いろんな道がある。さらにお寺も山の中の、非常に奥深いお寺もあれば、平野部のお寺もある、ということで色々な形、広範囲にわたるというのが難しいところであります。

それともう一つ。世界遺産になるには、重要なポイントとして「顕著な普遍的価値の証明」というのが必要になります。顕著な普遍的価値とは何かというと、それが歴史的に、文化的に誰が見ても重要だろうということに加えて、特徴がある、独特である。他にない、ということがポイントになります。すると、今日お話しした日本の信仰の在り方や、霊場プラスその巡礼道というコンセプトでは、すでに熊野古道が先に世界遺産になっています。すると熊野と違う価値観を出していかないといけません。

では、どんなところが違うかというと、他国のサンティアゴ巡礼、あるいはメッカの巡礼と比べても、四国遍路が他の巡礼と違うところ、これは「四国巡礼」と言わないところもその理由の一つですけれども、四国をぐるぐる回る、ということです。一番から八十八番までぐるぐる回る、他のところはサンティアゴに行って帰ってくる。熊野に行って帰ってくる。四国遍路の場合は、江戸時代もそういう型が多かったのですが、一番から八十八番まで回って、もう一遍一番に戻ってぐるぐる廻遊する。先ほどの衛門三郎とか真念もそうですね、何十回も回る。それを可能にする地域の人々の「お接待」もある。これが他の巡礼と違うところで、特徴だろうと思っています。

このように、いろいろな課題もありながら、「琉球王国のグスク」と同じ世界遺産になるよう動いております。場合によっては世界無形文化遺産という選択肢もあります。沖縄でいうと「組踊」ですね。そういった独特な四国ならではの文化、特徴というのをこれからも調査研究し、アピールしながら、世界遺産を目指していきたいと思っているところでございます。本日は、ご清聴ありがとうございました。

（第四八四回沖縄大学土曜教養講座「世界遺産・巡礼の路」二〇一一年九月十日）

あとがき

花井　正光

琉球王国のグスク及び関連遺産群が文化遺産としてユネスコの世界遺産一覧表に登録されてから十二年が経った。この間、七つの市と村に分散する九つの資産をめぐって、地元ではあれこれ取り組みがなされてきてはいるが、マスコミを賑やかすほどの話題性に乏しいからか、ふだんさほど話題にのぼることはない。この傾向は国内の他の世界遺産でも同様であろう。問題は、地域で世界遺産をどのようにして守り、活用するかにある。

世界遺産の登録が地域振興を格段に押し上げるのは間違いなく、それゆえ世界のブランドを得ようとする運動は各地で引きも切らない。結果、登録が目的であるかの印象を与えかねない事例があるのも確かで、感心できることではない。世界遺産を地域の持続的な発展のツールにすること自体は、世界遺産条約の仕組みに織り込み済みである。この効果を発揮することで、人類共通の宝ものがその価値を失わずに済み、結果的に世界の文化多様性を守ることになることが期待されるからである。

二〇一二年は世界遺産条約採択四〇周年にあたり、京都で開催されたその記念会合で条約のさらなる発展に向けての方向性が確認された（京都ビジョン）。このなかに、地域社会（local community）の役割の重要性と能力向上（capacity building）が含まれている。地域の手で世界遺産を守り、活かすための仕組みづくりを重視しようというわけだ。であれば、地域にあって世界遺産が身近な存在で親しめるものであらねばならず、そうなるための工夫と実践が必要になるのは必定。世界遺産ブランドを活かす先は著名な観光地づくりだけではないのだ。

ここ数年、沖縄大学地域研究所が取り組んできた、カリキュラムへの取り込み、市民講座の開講、テキストの刊行、検定など一連の普及啓発プログラムのさらなる展開が望まれる所以がここにある。

つい先頃、新たな世界自然遺産「奄美・琉球」の登録を目指し、暫定リスト記載の手続きが行われた。近い将来文化遺産と自然遺産をもつ国内初の地域となる沖縄は、世界遺産の多面的な活用の方途に万全を期す時宜にある。地域との協働によるプログラムのいっそうの拡充が期待され、本テキストがその一助になればと思う。

編　者
沖縄大学地域研究所
1988年設立。「地域共創・未来共創」を旗印に、まちづくり・シマおこし戦略を大学間および離島との高大連携で展開中。

執筆者
緒方　　修（おがた おさむ）　沖縄大学法経学部教授、地域研究所所長
花井 正光（はない まさみつ）　沖縄エコツーリズム推進協議会会長
高良　　勉（たから べん）　沖縄大学客員教授、詩人
當眞 嗣一（とうま しいち）　グスク研究所主宰
盛本　　勲（もりもと いさお）　沖縄県教育庁文化財課記念物班長
根 井　浄（ねい きよし）　元龍谷大学教授
須藤 義人（すどう よしひと）　沖縄大学人文学部講師
佐滝 剛弘（さたき よしひろ）　リベラルアーツ・ジャーナスト
岡野 隆宏（おかの たかひろ）　鹿児島大学教育センター特任准教授
胡　　　光（えべす ひかる）　愛媛大学法文学部准教授

世界遺産《せかいいさん》・聖地巡《せいちめぐ》り
――琉球・奄美・熊野・サンティァゴ――

2013年 3月15日　第１刷発行
編　者
沖縄大学地域研究所

発行所
㈱芙蓉書房出版
（代表 平澤公裕）
〒113-0033東京都文京区本郷3-3-13
TEL 03-3813-4466　FAX 03-3813-4615
http://www.fuyoshobo.co.jp

印刷・製本／モリモト印刷

ISBN978-4-8295-0578-6

国民総幸福度(GNH)による新しい世界へ
ブータン王国ティンレイ首相講演録
ジグミ・ティンレイ著　日本GNH学会編　本体 800円

「GNHの先導役」を積極的に務めているティンレイ首相が日本で行った講演を収録。震災・原発事故後の新しい社会づくりに取り組む日本人の「指針書」となる内容と好評。

ＧＮＨ（国民総幸福度）研究①
ブータンのGNHに学ぶ
日本GNH学会編集　本体 2,500円

ブータンのＧＮＨをさまざまな角度から総合的に研究し、日本における実践活動に生かす方法を探る。2010年設立の日本ＧＮＨ学会の機関誌第１号！

論文・講演記録・研究報告のほか、ブータン王国憲法〔仮訳〕、ティンレイ首相演説などの資料も掲載。

巨大災害と人間の安全保障
清野純史編著　本体 1,800円

巨大災害時や復旧・復興における「人間の安全保障」確保に向けた提言！

「国土計画」「社会システム」「コミュニティ」「人間被害」「健康リスク」

５つのテーマで東日本大震災の復旧・復興のあるべき姿を論じる。巨大災害発生前に備えておくべきことは？　次なる大災害に際して考えておくべきことは？　京都大学グローバルCOEプログラム「アジア・メガシティの人間安全保障工学拠点」の研究成果が提言としてまとめられた

環境・文化・未来創造
学生と共に考える未来社会づくり
奥谷三穂著 本体 1,700円

3.11後の未来社会づくりの最も重要なキーワードは「文化」。
環境問題・過疎化問題・文化の喪失など、日本人がいま考えなければならない課題をさまざまな実例をあげてわかりやすく提示する。
＊京都府長岡京市の地下水を守る取り組み　＊宮津市の棚田をを守る取り組み　＊中国の開発と環境問題　＊ブータンのＧＮＨ政策
京都府立大学での講義をもとに、やさしく語りかける。テーマごとに大学生のレポートを多数掲載。